図説生物学30講
植物編 1

植物と菌類
30講

■ 岩槻邦男 [著]

朝倉書店

まえがき

　科学の進歩は目覚ましく，それが細分化された専門分野ごとに推し進められますから，最先端の学術的成果の全貌を理解することはとても難しい時代になっています．しかし，一方では，一般の人々が科学的思考力に欠けていたのでは，正しい民主的活動もできないという指摘もなされます．日本人の科学的思考力がそれほど安心してみていられる状況にないことも，またよく認識されている事実です．

　生物の多様性については，ごく最近まで，現象の記述に忙殺されることから，科学としての体裁を整えていない，などと非難されることがありました．最近では，DNAをキーワードとする解析によって，他の分野の生物学者にも理解が広がってきた面がありますが，それでも，内蔵している情報量の巨大さに押されてでしょうか，科学的解析に遅れをとっている面のあることは否めません．

　生物の多様性については，その社会的意義から，遺伝子資源との関わりや環境保全の面から，さまざまな議論がなされます．しかし，ほとんどの場合，科学的根拠を離れて，情緒的に議論が展開されているのが現状です．生物の多様性とは何で，それについて科学はどこまで解明しているのか，その現状を知るのは研究者の仕事だけでなく，一般の人々にも求められているのです．

　多様性の生物学に関する総説的な書籍もだいぶそろってきました．具体的に，多様な生物を系統的に紹介する書籍も出版されています．しかし，一般の人々にもわかるように，多様性の生物学の現状が紹介される書籍は，つくるのが難しいためでしょうか，残念ながら限られています．

　シリーズ《図説生物学30講》は，30回の講義で，細分された個々の話題の内容を1講ごとにまとめるのと同時に，30講全体であるテーマの全貌をカバーするように企画されています．生物の多様性を描き出すためにはたいへん望ましい構成です．そう思って，本書の執筆を引き受けましたが，実際に書くとなるとこれはたいへん難しい仕事で，筆者の実力では理想とするところとは大きくかけ離れた結果となってしまいました．それでも，個々の講でそれぞれの話題を完結し，その講だけ読んでも話は理解でき，また全体で「植物と菌類」とはどういうものかを考察するきっかけは与えられるのではないかと期待しております．難しい課題に取り組んだ筆者と協力して，読者の方々にも，この難

しい課題を理解すべく取り組んでくださるようにお願いします．

　30講はどこから読んでいただいても結構です．ただし，本書は個々の知識の切り売りを目的とはしておりませんので，特定の講だけで終わることはしないでください．順序はどうであれ，できるだけ全体を通して見，「植物と菌類」とは何かを考えるきっかけとしていただきたいと思います．そのことが，多様性の生物学を個別の現象記載に終わらせず，生きているとはどういうことかを尋ねる生物学の基本に位置づけることにつながります．そして，多様性の生物学の現状を科学として正しく認識することが，そのまま，社会的課題として目前に展開する生物多様性の持続的利用に，私たち個々人がどう対応するかを考察することにもなるのです．

　シリーズ《図説生物学30講》を企画された朝倉書店に敬意を表し，本書の刊行にあたってお世話になった編集部の方々にお礼を申し上げます．

　2004年11月

岩　槻　邦　男

目　次

第1講　植物と菌類：2界説から5界説へ …………………………………… 1
第2講　生物多様性：進化・系統・分類 ……………………………………… 7
第3講　原核生物の多様性 ……………………………………………………… 13
第4講　原核生物の生物学 ……………………………………………………… 18
第5講　真核生物の進化と原生生物 …………………………………………… 22
第6講　原生生物の多様性 ……………………………………………………… 27
第7講　偽菌類の系統と分類 …………………………………………………… 32
第8講　藻類の系統と進化 ……………………………………………………… 36
第9講　二次細胞内共生で出現した藻類 ……………………………………… 42
第10講　緑色藻類の多様性 ……………………………………………………… 48
第11講　陸上植物の起源 ………………………………………………………… 54
第12講　陸上生物相の進化 ……………………………………………………… 60
第13講　コケ植物の世界 ………………………………………………………… 65
第14講　維管束植物の起源と系統 ……………………………………………… 70
第15講　小葉植物の進化と系統 ………………………………………………… 77
第16講　トクサ類の多様性 ……………………………………………………… 84
第17講　シダ類の系統 …………………………………………………………… 89
第18講　シダ類の多様性 ………………………………………………………… 94
第19講　種子植物の起源 ………………………………………………………… 99
第20講　裸子植物の系統と進化 ………………………………………………… 105

第 21 講　裸子植物の多様性 …………………………………… 109
第 22 講　被子植物の起源と進化 ………………………………… 114
第 23 講　被子植物の系統 ………………………………………… 119
第 24 講　被子植物の多様性 ……………………………………… 124
第 25 講　被子植物と人 …………………………………………… 129
第 26 講　菌類の起源と進化 ……………………………………… 134
第 27 講　接合菌類と不完全菌類 ………………………………… 140
第 28 講　子嚢菌類の多様性 ……………………………………… 144
第 29 講　担子菌類の系統と分類 ………………………………… 148
第 30 講　地衣類：共生による進化 ……………………………… 153

参考図書 ……………………………………………………………… 157
索　引 ………………………………………………………………… 159

第1講

植物と菌類：
2界説から5界説へ

キーワード：種多様性の識別　　認知と分類　　動物界と植物界

生物の識別と分類

　ヒト（*Homo sapiens* と学名で呼ばれる動物の1種）は人（＝人類と総称される文化をもった種族）に進化する以前からヒト以外の生物と共存して生きてきた．人が知的生物に特殊化して，文化をもつようになってから，ヒト以外の生物との触れ合いを，多様な生物の認識というかたちで把握してきた．

　生物の種の識別は，人だけがする作業ではなくて，あらゆる生物がそれぞれなりに取り組んでいる課題である．餌を識別する必要のある動物は，自分にかかわりのある植物や動物を正確に同定する．そうでないと，毒性の植物を食べて死んでしまったり，せっかく訪花しても望みの花粉が得られなかったりと，生きていく上で支障が生じる．生物が他の生物の種を識別する能力はきわめて正確である．同じように，人も知的活動を始めるまでにすでに動物の1種として共存する他の生物の同定を行っていたはずである．

　知的活動が科学的好奇心に発展し，生物に名前をつけて識別，記録するようになったのがいつからか，はっきり示すことはできない．文献に残っているところでは，アリストテレス（BC384–322）は知っている限りの動植物を体系化しようと試みたし，植物だけに限定すれば，アリストテレスの高弟だったテオフラストス（BCca372–ca288）が植物についての知見を取りまとめている．テオフラストスは「植物学の父」などといわれることもある．

　個々の種の認識は人以外の生物でもやっていることであるが，たくさんある生物を分類して体系的に整理する作業を始めたのは，人の知的活動である．単に生きるために生物を識別，認識するだけでなく，地球上に存在する事物の性質を知りたいという科学的好奇心に促されて，多様な生物の間にある関係性を探究しようとしたのである．その最初の成果として残っているのがアリストテレスの自然史に関する業績である．

　それ以後，知的活動としての，いいかえれば科学としての生物の多様性の識

別，同定，分類と体系化は，学術研究として推進されてきた．生物を種を単位として識別し，近似のものを集めて分類体系をつくり，さらに種や系統についての科学的解析が進められたのである．

アリストテレス以前から認識されてきた生物の多様性に関する研究は，科学の発展の段階に対応して，それぞれの時代に使われる解析技術を最大限に活用して推進されてきた．膨大な情報が集積され，日進月歩で知見は高められてきた．しかし，ここへきて，なお，地球上に億を超える数に分化しているのではないかと推定される種は，そのうち150万余が認知されたにすぎないし，分子系統学などの手法が発達して，なお，多様な種の間の系統関係についてはまだまだ知られていないことが多いことを科学は思い知るところである．

ここでは，現在までに科学が明らかにしてきた膨大な量の知見に基づき，植物と菌類の多様性について，わかっていることは何か，わかっていないことは何かを紹介することにする．多様性をもたらした系統的な背景や，多様性をもたらす原理についてどこまでわかっているかについては，本書の姉妹版である『生物の系統と進化30講』を参照していただきたい．

生物界の二大別：動物と植物

20世紀前半まで，生物界は動物と植物に二大別されていた．2界説である．

生物の分類体系の2界説は，科学的な解析が進み始めてから早い時期に疑いがもたれていたにもかかわらず，約半世紀前まではふつうに通用していた考え方だった．たとえば，ヘッケルがはじめて系統樹を描いた時，動物，植物に加えて原生生物が系統樹の根に近いところで分岐するように描かれている．それにもかかわらず，現在でも，多くの大学の教室は動物学教室，植物学教室だし，学会も動物学会，植物学会と組織している．

生物の多様性の認識が，肉眼で識別できる大形の生物にとどまっていた間は，動物と植物という二大別を認めることで困ることはなかった．しかし，顕微鏡が発達し，微小な生物も詳しく観察されるようになると，動物でも植物でもない生物が数多く認知されるようになる．ヘッケルの原生生物は，そのような生物を呼ぶ呼称だった．

微小な生物の所属を決めるのが難しかっただけでなく，さらに，植物の一部とみなされていた菌類は，植物よりもむしろ動物に近いことがわかってきて，2界説は維持できなくなった．植物が光合成を行って有機物の合成を行う生産者であり，動物はエネルギー源を植物が合成した有機物に依存する消費者であるのに対して，生物の死体などを分解し，処理する分解者としては，菌類のはたらきが顕著であり，菌類を動物，植物とは別の3番目の界を構成する群とし

て区別する分類が始まった.

2界説の破綻と菌類

　拡大鏡が効率をあげ,顕微鏡が使われるようになって,それまで肉眼でしか識別できなかった世界が,微細な構造の観察によってより複雑な構造をもつことがはっきりしてきた(図1.1).しかし,すでに生物界を動物と植物に二大別して理解することに慣れていた生物学では,動物にも植物にも分類されない生き物がいることを認識し始めても,なお,分類体系は2界説に依っていた.実際,19世紀後半にヘッケルがはじめて系統樹を描いた時,系統は動物と植物の二大別になるものではなかった.それにもかかわらず,菌類が植物と異なった系統の生物であると理解され,生物の分類体系に反映されるようになったのは,やっと1960年代に入ってからである.

　菌類は決して微細生物だけでない.大形のキノコ類は,アリストテレスの頃から生物と認識されている.しかし,キノコ類は伝統的に植物と認識されてきた.大地に固定された生活をするからだったのだろうか.さらに,細胞説が固まってからは,植物と同じように細胞が壁によって包まれている事実が,キノコを植物とみなす考えを支持させてきた.(菌類の細胞壁の構造や成分が植物のものとは異なっている事実は,菌類の系統が植物とは独立のものであることが確かめられてから改めて強調されるようになった.)

　キノコが植物と異なった生き物であることを主張し始めたのは,キノコの生き方が植物的でないことが徐々に明らかになってきたからである.光合成をせ

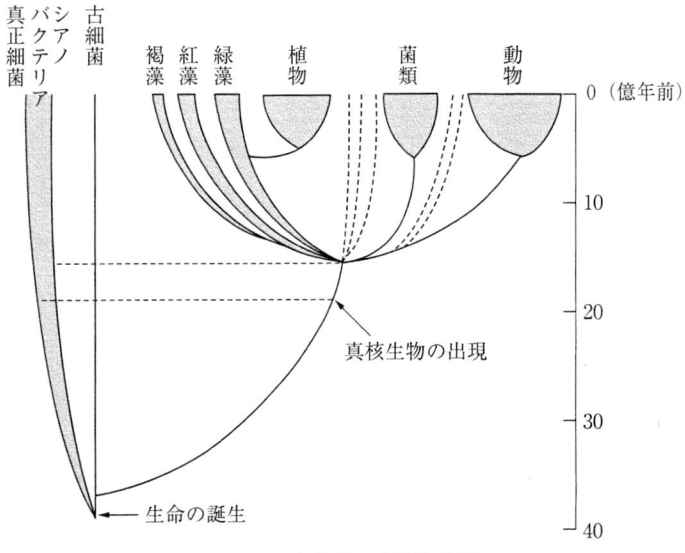

図1.1　生物界の系統推定図

ず，従属栄養の生き方をすることは昔から知られていた．しかし，栄養の取り方が，寄生にしろ腐生にしろ，消費者としての生き方というよりは分解者としての生き方に近いことが見て取られるようになった．微細な菌類にその傾向が強く，キノコも結局は分解者的生き方をすることが了解されるようになったのである．

　菌類の細胞壁も，植物の細胞壁とは成分も構造もずいぶん違うことが確かめられてきた．そういえば，胞子をつくることで植物と共通といわれていた生殖の様式も異なり，生殖細胞の構造も植物とは違っていることが確かめられる．そういう状況証拠をそろえて，菌類は植物と違う独立の系統のものだと唱え始めたのが，5界説を提唱したホイタカー（1969）だった（表1.1）．

　動物と植物の他に菌類という系統群があるという認識は，この3系統を論じる過程で独立に固まってきたのではなかった（図1.2）．原核生物が系統的に独立しており，真核生物が単系統的に進化してきたという事実が確かめられ，さらに，真核生物の原始型としては原生生物と呼ぶべきかたまり（分類群）を認める必要があることが，徐々に明らかになってきた．生物界を二大別するのではなくて，5界か6界に分類すべきだという考えを支持する事実が揃ってきたのである．こうなれば，進化した真核生物は，動物と植物だけでなく，菌類も独立して認められるべきであると，理解されやすくなった．分子系統学が，これらの系統の独立性を支持したことが，菌類の系統的位置の認識を容易かつ確実にした．

　生物界が実際いくつの系統から成り立っているか，簡単に割り切れるものでないという理解に，現在では異論はない．ただし，動物界，植物界，菌界を認めることは大方の合意を得ているものの，それぞれの範囲をどう定義するかには定説はない．その範囲付けも含めて，原生生物とは何かという定義にいたっては，まさに諸説紛々定まる方向も確かでないというのが現状である．多様な生物の相互の類縁関係についての現在の知見がその段階にあるということを如実に示している．

　さらに，藻類のうちに具体例が見られるように，二次細胞内共生によるオルガネラの平行移動が現生生物の系統確立に大きな影響を及ぼしていることが確

表1.1　ホイタカーの5界説

1. モネラ界（原核生物）	細菌類，藍藻類
2. 原生生物界（プロティスタ）	原生動物，偽菌類の一部，藻類の一部など
3. 植物界	陸上植物，藻類の大部分
4. 菌界	真菌類，変形菌類など
5. 動物界	後生動物

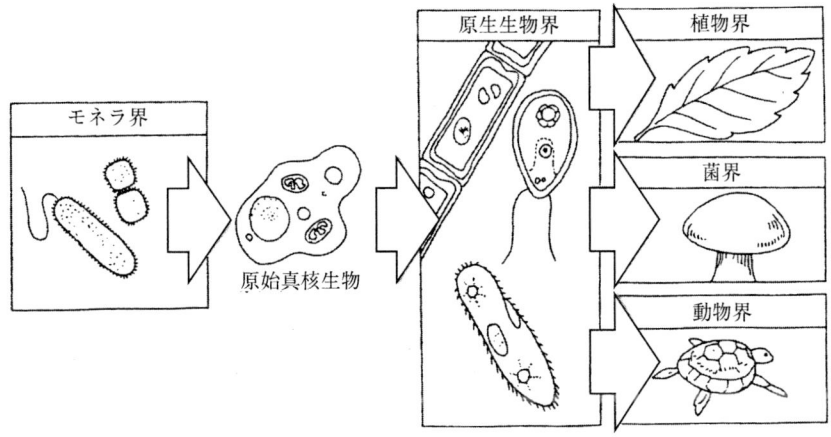

図 1.2 生物の 5 界の間の類縁概念図（岩槻『植物と菌の系統と進化』放送大学教育振興会，図 6.1）

かめられてから，生物界の体系はより複雑な構成のものであることがわかり，カバリエ・スミス（1992）の提唱する 8 界説が受け入れられるようになった（第 9 講参照）．

━━━━━━━━━━━━ Tea Time ━━━━━━━━━━━━

 **アリストテレスの分類学**

アリストテレスはプラトン（BC427-347）の弟子である．プラトンはアテネにアカデミアと名づけた学園をつくり，すぐれた哲学者の養成につとめた．アカデミアにはさまざまな植物が栽植され，植物園の原型をつくっていたともいわれる．そのプラトンのアカデミアで学んだ俊秀のうち，アリストテレスはもっとも著名であり，自然史学の祖ともいわれる．

アリストテレス

師のプラトンはイデアが実在するものであるとしたが，アリストテレスは実在するものの本質をエイドス（形相）とよんだ．『形而上学』で現象を超越し，その背後にある存在の本質を追究しようとすると同時に，『自然学』などで，自然の実体を見極めようとした．彼の自然学は質量である「からだ」が形相としての「霊魂」を実現しているものと考え，目的論的な生命論を展開したが，一方では若い頃にレスボス島で海産動物の研究をするなど，観察に基づく研究も展開した．「アリストテレスの提灯」はウニの咀嚼器であるが，彼の自然観察の記録が名前として記録されている例である．

　アリストテレスが残した自然史関連の著作のうちには，『動物誌』をはじめ，動物の発生，行動などを観察したものがある．アリストテレスは植物学に関する著作もものしたといわれるが，現在では残っていない．

　植物学の祖といわれるのは彼の高弟（プラトンの兄弟弟子として，信頼しあえる友人でもあった）で，正当な後継者といわれるテオフラストスで，『植物誌』はその後の植物学をリードする古典となった．テオフラストスもまた博識を誇り，自然のすぐれた観察者だったが，500種以上の植物の記載を残しており，その後中世を通じて，植物について引用される原典として畏敬の念をもって扱われた．

第2講

生物多様性：
進化・系統・分類

キーワード：DNAの変異と種の進化　　生物の多様化と系統　　分類体系

　生物界にこれだけ多様な姿が生み出されたのはなぜ，どのようにしてか．生きているという現象の普遍性と対応させ，生物の多様性とは何か，どのように理解すればよいのかを考えてみよう．

生物の進化

　30数億年前に地球上に生物が姿を現した時，生物は単一の姿だったと推定される．これを生物の単元説という．しかし，生物は姿を現したその日から，多様化を始めたものらしい．

　生命の普遍性はDNAに担われた遺伝情報によって維持される．DNAは，正確に複製されることに特徴のある生体高分子であるが，ごくわずかではあるものの一定の割合で変異を生じるというもうひとつの特性ももっている．遺伝子に生じるこの変異が生物の多様化をもたらす基本的な原理である．DNAという分子に遺伝情報を載せたことによって，生物は普遍的な原理に従って生命現象を演出すると同時に，ごくわずかの変異を生み出し，その変異を積み上げて，多様な姿を生み出すという生きざまを示すことになった．このような変異を生じる現象を，**進化**と呼んでいる．（日本語の進化という言葉は，より高等なものに進むという意味を含んでいる．しかし，生物の進化は生物に生じるあらゆる変化を意味するものであり，高等になるとは限らない．英語などの表現には進む意味は含まれず，展開するという言葉が使われている．）

系統の追跡

　30数億年前には単一の姿だった生物は，現在までの進化の歴史を背景に，地球上に約150万種が認知されている（表2.1）．しかし，この数字は地球上に生存している生物のごく一部を数えるものであって，科学がまだ認知していないものの，数千万種，あるいは億を超える数の生物が現に地球上で生きている

表 2.1 既知の生物種の概数

生物群	種数	生物群	種数
バクテリア	5000	原生動物	25000
（うちシアノバクテリア	2000）	後生動物	1065100
真菌類	100000	海綿動物	6000
子嚢菌類	30000	刺胞(腔腸)動物	10000
担子菌類	25000	扁形動物	20000
接合菌類	600	線形動物	15000
ツボカビ類	750	環形動物	15000
地衣類	20000	軟体動物	100000
不完全菌類	25000	節足動物	850000
偽菌類	3000	（うち昆虫類	750000）
藻類	50000	棘皮動物	6000
緑藻類	16000	半索動物	100
褐藻類	2000	脊索動物	43000
紅藻類	5500	（うち魚類	20000）
珪藻類	20000	（うち両生類	3000）
植物	262000	（うち爬虫類	6000）
コケ植物	20000	（うち鳥類	9000）
シダ植物	10000	（うち哺乳類	4500）
裸子植物	800		
被子植物	230000	ウイルス	5000
そのほかの植物	1200		
		合計	1500000

と推定されている．

　生物は単一のかたちから出発したのだから，すべての生き物は親類関係にある．ごく近い親類もあれば，遠い親戚もある．すべての生物が親戚関係にあるとすれば，関係に遠近があるのは当然で，その関係性を**類縁**という．（人の社会で，親戚関係を血統で示すのと似ている．）生き物の間の類縁の遠近を追究するのが系統学である．

　地球上に生きる多様な生物を統一的に理解するために，これまでいろいろの方法で多様な生物の相互関係が追究されてきた．生物多様性は進化する実体であることが生物学の世界で確認されたのは 20 世紀に入ってからであるが，20 世紀の初頭には，形態的な指標で類縁の遠近を訪ねることが試みられた．しかし，見かけの似よりの程度と，生物の類縁の遠近は必ずしも一致しないことがわかり，形態形質の系統的な評価をどのようにするかは一貫して系統学の課題である．

　1930 年代頃からは，染色体が示す細胞遺伝学的指標によって系統の追跡をする細胞分類学が成果をあげた．種レベルの進化には細胞遺伝学的な現象がからむことが多く，核型の解析によってこの型の種分化の解析が実証的に進めら

れたのである．20世紀も末に近づいた頃になって，遺伝子担荷体であるDNAの塩基配列の比較によって系統の遠近を計ることが，技術的にも理論的にも可能になってきた．分子系統学の進歩によって，生き物の系統関係はより実証的に追跡可能となってきた．

分 類 体 系

　生物の分類の基本的な単位として**種**が認識される．しかし，単位といっても，これは物理化学でいう単位とは違って，自然界の存在様式そのものである．種とは何であるかの研究が生物多様性研究の最終目標であるという面がある．この分野の研究が終わる日まで，正確な定義のできない単位を用いて生物多様性の整理をしようとするのが生物多様性研究の難しさである．もちろん，仮の定義をしなければ科学としては成り立たない．最近では，進化の総合説を念頭に，集団間の生殖的隔離を種の定義に用いることが多い．しかし，有性生殖をしない生物（実際はそういう生物の数も決して少なくない）では，この定義はあてはまらず，相対的に遺伝的な遠近の種差を計る目安にしたりする．

　進化の概念が受け入れられるより前から，生物の分類は自然の体系に従って行われるべきであるという考え方があった．（自然は神が与えたものであると信じられていたから間違っていたという意見もあるが，ここでいう神は，イエス・キリストやアッラーを意味するものではなく，創造の神は自然そのものであったとすれば，自然科学と同根の視点で追究されていたともいえる．）しかし，大量の情報を整理するのに，定義しやすくわかりやすい方法を選ぶこともめずらしくなかった．情報不足で自然分類はできないと本人も断っていたリンネの24綱の分類体系などはその典型ともいえる．このように，わかりやすいことを目途に分類する方法を人為分類という．それに対して，生物の分類は，あくまで正確に自然の法則を反映した分類であるとする方法を**自然分類**という．進化の概念が受け入れられるようになってからは，当然，自然分類は系統関係を反映したものであるべきだということになり，系統分類こそが自然分類であると整理されてきた．（それでも，現生の生物の比較だけから導き出そうとする自然分類は，化石などに基づいて生物の歴史過程を実証的に描き出す系統分類とは別のものであると主張していた人もあった．）今では，30数億年の進化の歴史（系統）を反映した分類だけが，生物分類の正しい体系であると理解される．ただし，現在までに科学が認知していた生物進化の歴史的背景はごくわずかな情報量に限られており，ごくわずかな知見に基づいて構築される現行の分類体系が正しい自然分類の姿であるとはとうてい信じることはできない．だから，日ごとに加えられる新知見によって，分類体系は恒常的に修正を

必然とし，そのことが分類体系そのものへの不信感を招くこともまだなくなってはいない．

生物界の大綱分類

これまでに概説した生物界の系統的な構造は，本書でこれから順次見ていくことになる多様な生物群のおおよその座標軸を示そうとするものである．座標軸としての生物の系統図を描くとすれば，現在の知見をもってすれば不明の部分が多々あるとしても，図 1.1 のようになるだろう．

生物が地球上に姿を現したのは 30 数億年前，もう少し数字をはっきりさせるとすれば，38 億年ほど前のことと推定される．その時，生物は単元的に発生した．この原始生物が地球上で発生したものか，他の天体から飛来したものであるか，ここでは追究しない．本書では，地球上にはじめて姿を見せた生物という言い方にとどめておく．

最初に地球上に現れた生物は原核生物だった．原核生物は，出現したその初日から多様化，進化を始めていた．しかし，（15 億年前とも，21 億年前ともいわれる）真核生物が出現する時までに，原核生物がどれだけ多様化していたかはまだ正確にはわかっていない．確実にいえることは古細菌と真正細菌は真核生物が出現するより前にすでに分化しており，真核生物はそのうち古細菌の系統から進化してきたものであるという点である．

真核生物は古細菌の系統の原核生物から進化してきた．真核生物のもっているミトコンドリアが単元的なものであることが確かめられているので，真核生物が単系統であることも確かである．そして，真核生物という系統が出現してまもなく，植物，動物，菌類への分化が進行したらしい．植物という系統の独立は，葉緑体というオルガネラの単元的な進化から確実に示せることではあるが，それがいつ頃のことだったかは確かめられていない．

後生動物という非常に多様に分化しているけれども系統としてはまた大変よくまとまっている系統群が，どのように進化してきたか，その歴史の始まりについてはまだまだ知見が乏しい．また，分解者として植物（生産者），動物（消費者）と共存する菌類が，いつ頃どのように進化してきたのか，現在科学がもっている知識には限界がある．さらに，偽菌類などとひとまとめにされることがある現生の生物たちの系統関係については，これからの研究課題である問題が多い．

いずれにしても，図 1.1 に概観する系統群を分類表にまとめるとすれば，表 2.2 のようになる．以下に，これらの分類群を順に概観し，それぞれの群の多様性はいかに認識されており，どれだけ未研究であるかを示したい．

表 2.2 生物の大綱分類

超上界 1　真正細菌超上界
超上界 x　その他の原核生物の系統群（もしあれば）
超上界 2　生物超上界
第 1 上界　古細菌上界
第 2 上界　真核生物上界
第 1 界　　原生生物界
第 2 界　　植物界
第 3 界　　動物界
第 4 界　　菌　界
第 x 界　　その他の系統群（いくつの界に属するかは不明）

══════════════ Tea Time ══════════════

リンネの 24 綱

　スウェーデンのウプサラ大学の教授だったリンネ（1707-1778）は博覧強記の人だったらしく，当時の世界に知られていた動植物のすべてを同一の規格で記載するという離れ業を成し遂げた．しかも，属の名前とそれを形容する種小名とを組み合わせた（姓と名とを組み合わせたような）二命名法を創始し，生物多様性の情報整理の先駆けとした．

　植物の分類には，雄蕊の数などを指標とした 24 綱の分類体系を立てたが，これが人為分類の典型だと批判されることがある．しかし，リンネ自身が後に『植物哲学』などの書で述べているように，当時得られていた情報では「自然な」分類体系を立てることは難しかったし，知られている全種を整理するため

リンネ

にはわかりやすい分類体系をつくることが必要だった．彼自身，目指すべき「自然な」分類系の例として，ユリ科，バラ科，マメ科のような分類群を例示している．また，リンネは神が創造した種は不変のものであるとして進化の思想の導入の障害になったといわれるが，実際に植物の雑種の実験なども行っており，種が不変ではないことを確かめようとしていた．リンネを進化学説の妨害者に仕立てたのは日本での話と思われるが，誰がそういう邪説の元になったのだろうか．

ちなみに，リンネがもっとも信頼していた弟子にチュンベリー（1743-1828）があり，後にウプサラ大学教授の地位を継ぎ，晩年にはこの大学の学長もつとめている．チュンベリーは南アフリカと日本の植物の研究に成果をあげた人で，実際日本にも1775年から1776年にかけて滞在し，その間，長崎から江戸までを往復して自然観察を行い，資料標本を収集して，最初の『日本植物誌』（1784）を著した．

第 3 講

原核生物の多様性

キーワード：バクテリア　　シアノバクテリア（藍藻類）　　ウイルス

　バクテリアなどの生物をひっくるめて微生物と総称することがある．生物学の世界でも，動物，植物，微生物という言い方をすることがめずらしくない．微生物という場合には，多少便宜的に，さまざまな生物が含まれる．細菌類と菌一般（真菌類も偽菌類も含めて）を指すことが多いので，大型のキノコ類まで微生物にされてしまうことがある．本書では，系統関係をわかっている限りはっきりさせながら地球上の生物の多様性を概観したいという意図に従って，菌一般に細菌類を含めた微生物という言い方は使わないで，比較的正確にわかっている系統群に従って，原核生物（シアノバクテリアを含む），菌類（真菌類），原生生物（偽菌類を含む）という分類群ごとにその内容を紹介する．

原核生物とは

　真核生物は原核生物から進化してきた特定の生物群である．その意味では，生物の基本型は原核生物である．原核生物は原核細胞（図3.1）ひとつ（単細胞）でつくられる生物の総称である．

　原核生物といえば，バクテリアである．真核生物が進化してくるまでの生物界はすべてが原核生物だったのだから，この時点ですでに分化していた多様な系統は，単系統であることが確認されている真核生物と比べて，それぞれ独立に進化してきた系統と考えられる．しかし，原核生物だけの時代にどれだけの原核生物の系統が分化していたのか，真核生物が進化した後に分化した原核生物の系統群があったのかどうかは，現在の知見では推定のしようがない．

　よくわかっているのは古細菌の系統の独立性である．原核生物のうちには，少なくとも古細菌と真正細菌の2系統が明瞭に識別され，そのうち古細菌の方が真核生物につながる系統群であることが確かめられている．その事実を知るだけでも，原核生物という単一の系統を認めることはできないので，今では，古細菌，真正細菌，真核生物の3上界（超界）を認識する考えが主流になって

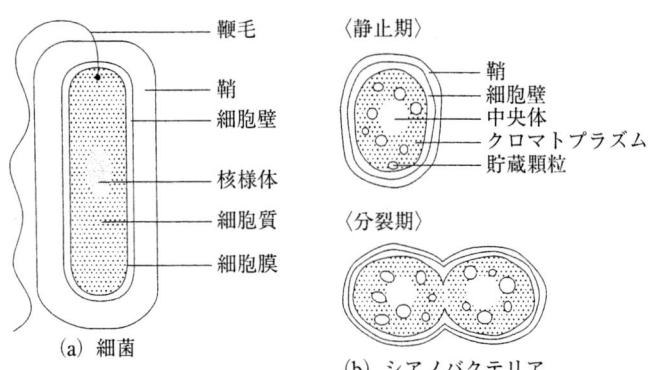

図 3.1 原核細胞の概念図（岩槻『多様性の生物学』放送大学教育振興会，図 5-1）

きた．古細菌や真正細菌のそれぞれも単系統であることが確かめられているわけではないので，真核生物に対応して，さらに古細菌や真正細菌のうちに多系統が認められるかどうかは今後の研究に待つことである．

バクテリアのさまざま

バクテリアは原核生物の総称である．現在までに知られているすべての原核生物をバクテリアとまとめて呼ぶ．地球上に生きる多様な生物はすべて共通の祖先型に由来するという地球生物の単元説が今ではほぼ確実に認められるので，当然，バクテリアも単系統的に発生し，進化してきた．しかし，進化の過程でさまざまな多様化を経過してきたことは，原生のバクテリアの多様性からも推定できる（図 3.2）．

古細菌が古い時代に分化した系統群であることが明らかにされたが，バクテリア全体にどれくらいの多様性が認められるのか，バクテリアの亜群と認められる系統群はいつ頃分化したものか，さらに研究を必要とすることである．ごく最近，バクテリアのうちのあるものは真核生物が進化するより前に，他のバクテリアから分化していたという報告もされている．

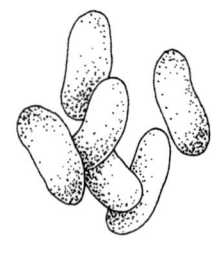 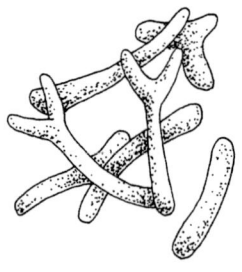 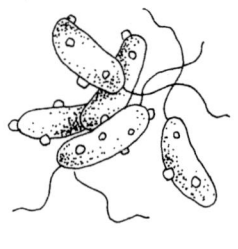 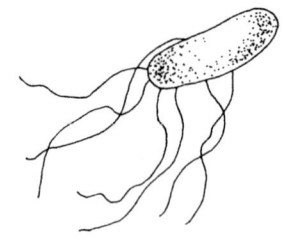

(a) 大腸菌　　(b) ビフィズス菌（乳酸菌）　　(c) コレラ菌　　(d) サルモネラ菌

図 3.2 いろいろのバクテリア

地球上に生命が発生した時，その始原型は独立栄養だったはずであるが，クロロフィルをもって酸素発生型光合成を進化させたのはもっと後だったと考えられることが多い．酸素発生型光合成という効率のよいエネルギー合成をするようになって，生物界は豊かになった．従属栄養という生活型が確立するのも，生物界に豊かな有機物の蓄積が可能になったからではなかったか．太古の海水には塩分は含まれておらず，二酸化炭素が飽和していて，分子状の酸素はほとんどない状態だったと推定されている．このような環境で，酸素発生型光合成を行う**シアノバクテリア**が出現し，クロロフィルが形成され，その後の植物の進化にとって重要な役割を占めていた．シアノバクテリアはクロロフィルをもつバクテリアである（図3.3）．最古のシアノバクテリアの記録は35億年ほど前のものとされており，地球上における生命の発生が38億年前だとすると，生命の起源以来比較的早い時期にシアノバクテリアが出現したことになる．（最初の生物がシアノバクテリアだったと推定する考えもある．）

　バクテリアの分類についてはいろいろの説があり，定説というべきものはない．かつては，形態的に球菌，桿菌，螺旋菌（スピロヘータ）を識別していたが，これは必ずしも系統的な異同を表現したものではない．最近では，分子系統解析によってバクテリアの種間の系統が追跡できるようになり，バクテリアの多様性についての知見も大幅に進展した．

　バクテリアのうちには病原菌となるものも少なくない．人の病原菌は人の進化と呼応して進化してきたものである．同じように，他の生物の進化に合わせて，進化してきたバクテリアは数多くあるはずであるが，これらのバクテリア

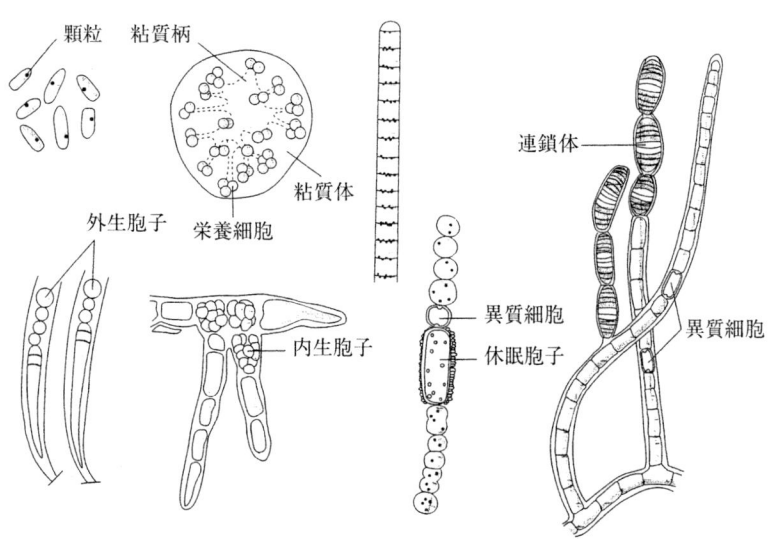

図3.3　いろいろのシアノバクテリア（岩槻『多様性の生物学』図5-3）

のほとんどは，他の生物に寄生して生きているらしい．さまざまな種と共存するかたちで進化してきた種もあるのだが，印象の強いのは有害なものばかりである．大腸菌は人の大腸にすみつき，人の生存に不可欠のはたらきをしているのだが，大腸菌のO157のように，有害な変異型が出てくると大きく話題をにぎわすことになる．また，有害なバクテリアの研究は比較的進んでいるが，人畜に無害のバクテリアの研究は一般的にはなはだしく遅れている．

　バクテリアのうちに**古細菌**と呼ばれる一群の特異な生き物が含まれていることは知られていたものの，この仲間の詳細な研究が進んだのは比較的新しいことである．高圧，高温など，ふつうの生物は生活できない特殊な環境に生きているバクテリアであり，生命が発生した頃の環境で生き続けていたのではないかということから古細菌と呼ばれたが，その後の研究で真核生物の祖先型であることが確かめられ，真正細菌よりも，ヒトに近い生物であることがわかった．特に有害な種がないことも，この仲間の研究が遅れた理由のひとつかもしれない．古細菌の類縁は分子系統解析の技法の進歩と並行してわかってきたものである．

ウイルス

　ウイルスが生物であるかどうかについては議論の余地のあるところである．ふつう生物と呼ばれているものと同じように，DNAという生体高分子によって生きていることを相伝し，DNAがふつうの生物と同じ遺伝情報伝達のはたらきをしている点では，生き物といって問題ない．しかし，現生の生き物はすべて細胞を単位として生物体をつくっているのに対して，ウイルスは，それぞれ特有の構造は認められるものの，ふつうの生物と同じ構成の細胞はつくらない．ウイルスはDNAそのものであるともいえ，結晶構造をとると不安定ではあるが化学物質と同じ状態となる．ホストの生物から独立した結晶状態では生きているという現象を演出することはなく，生きていない物質と同じ状態となる．

　ウイルスの起源についても定説はない．他の生物に依存した生活をするようになって細胞構造まで失って単純化した生物という見方もあるし，生物と独立にDNAが構成されたという見方もありえる．それぞれにさまざまな傍証を設けることはできるが，ウイルスの形成の過程は正確に確かめられてはいない．

=Tea Time=

水前寺海苔

　水前寺海苔は海苔という名で呼ばれるが，海苔巻きの海苔（第8講 Tea

ノストック：陸生のシアノバクテリア

Time）とは違って，シアノバクテリアの1種である．最初熊本県の水前寺公園内の湧水でとられ，天然記念物に指定されたシアノバクテリアの製品であることから，この名がついている．

　シアノバクテリアは原核生物である．だから，原核生物のうちにもそれ自体が食材になるものがあるということである．同じ食用でも，バクテリアが酵素のはたらきをするものとしては納豆菌や乳酸菌などがあげられるが，これらの場合はバクテリアが食材になるのではなくて，大豆やミルクなど，菌がはたらいて変性したものが食品になるのである．

　食用のシアノバクテリアの例としては，他に京都で鴨川海苔（アシツキ）という名で食膳に供される種がある．水前寺海苔とは属の階級で区別されるものである．こちらはノストックであるが，より広くはアシツキと呼ばれるこの種と，ハッサイ（髪菜）と呼ばれる種は同じ属の別種である．これらのシアノバクテリアは製品として大量生産されるというものではないが，嗜好品としては愛好者が多く，好き者の間ではこれらの名前はよく知られている．

　ノストックは雨の多い季節にはどこにでも姿を見せる．ハッサイと同じ種の *Nostoc commune* の生きた姿を見ると，ハッサイと呼ばれる食材とはずいぶん違った印象を受ける人もあるようである．私の故郷の家でも，6月には庭一面に黒褐色のノストックが生える．自分で面倒を見ていた頃に，シダの鉢植えにもノストックが大量に生えたことがあったが，別に害があるわけではなく，今年もたくさん藍藻が発生した，ということでやり過ごしていたように思う．

第4講

原核生物の生物学

キーワード：DNA　　分子遺伝学　　バイオテクノロジー　　古細菌

原核生物の種と分類

　原核生物分類の単位となる種は，前講に見るような生物一般の種概念では律しきれないものである．生物学的種概念は有性生殖集団を前提としたものであり，真核生物の有性生殖に類する現象の見られない原核生物では，通用しないからである．伝統的に，バクテリアの同定は医学，農学など，人との関連で必要とされたことからきており，細胞の形態的な比較だけでなく，コロニーがつくるかたち，色彩，生理的反応なども基準に使われてきた．細胞のかたちを指標として，球菌，桿菌，螺旋菌などが区別されたのはその典型である．バクテリアの分類も，非セルロース性の細胞壁の染色性からグラム陽性菌と陰性菌が区別されたりしたこともあった．バクテリアのかたちはきわめて単純だから，かたちの比較で類似度を推定することは難しい．いきおい，生理的形質を頼りにしていたのである．

　原核生物の同定，分類は，分子形質が指標となるようになってから，人為的な分類を脱却し，自然分類に近づいてきたといえる．古細菌の系統的独立性が確認されたのも，分子系統解析に成功したからだった．

分子遺伝学とバイオテクノロジー

　DNAを生物多様性の識別の指標として使えるようになった20世紀後半に入って，遺伝学も分子レベルの研究が急速に発展した．20世紀後半の生物科学においては，DNAをキーワードとする分子生物学が主流を形成し，生命現象の普遍的原理を，DNAの性質に重点をおいて解析する分野が成果を刻んできた．生命現象は母細胞から娘細胞へ，親から子へとどのようにして伝達され，伝達された情報は娘細胞や子どもの生物体にどのようにして展開するのか，分子レベルでの研究を分子遺伝学と呼んだ．

　分子遺伝学はバクテリオファージのような単純な型の生物を対象にして進ん

だが，技法や知見の進歩にともなって，やがて真核生物のモデル生物を対象とする解析に転進した．DNAの正確な複写と一定の変異の出現やセントラルドグマが生物界に普遍的な原理であることが立証され，生命現象が生物界に普遍的な原理で制御されているのと同時に，生物多様性を生み出す原理も同一の原理に支配されていることも確かめられた．

普遍的な生命現象を制御する基本的な物質的基盤ともいうべきDNAの構造と機能が明らかにされてくると，その特異な分子を人為的に改変させることも可能となってきた．生命を支配する物質的基盤に人為を及ぼすことができるのである．そのような技術の進歩が，やがて生き物を人為的に改変することに通じてきた．

もっとも，生物の人為的な改変といえば，生理現象を利用して個体のサイズを大きくしたり，稔性，姙性を変形させることなどはずいぶん昔からやっていたし，飼育栽培動植物について，品種を改良する技術などで生物に対する人為的改変は伝統的に行ってきたところである．しかし，分子レベルで，遺伝子組み換えや細胞融合などの技法を適用し，組織培養などで有性生殖なしに個体数の増数をはかるようになると，かつての育種などとは違った新しい生物学的方法が確立されてきたのである．このような分子レベルの技法を適用した生物学的技術を特にバイオテクノロジーと呼ぶことになった．20世紀後半はバイオテクノロジーが飛躍的に発展した時期だった．

もっとも，バイオテクノロジーの進歩は科学の世界にさまざまな問題も提起した．羊のドリーで有名になったクローンづくりは，やがてひとクローンにつながるという危惧をもたらし，ひとクローン研究は原則として禁止するという措置が多くの国でとられている．バイオテクノロジーの進歩は，それと並行してバイオエシックス（生命倫理）の進歩も同時にうながしたのである．

古細菌の系統

古細菌の系統的位置が話題をにぎわせたのは1960年代に入ってからである．バクテリアのうち，温泉や火山地域など極端に高温のところや，深海部など超高圧下に生きている生物があることは昔から知られていたが，これらの生物の研究は遅れていた．人の生活に直接関係のあるものがなかったし，採集したり，培養したりするのが困難であることが，研究が遅れた理由だろう．

現生のバクテリアは，30数億年前に地球上に姿を現し，一貫してバクテリアの生活を続けてきた生物である．バクテリアから分出した真核生物は，さらなる多様化を遂げ，地球上に広く生活域を拡大してきた．真核生物が急速に多様化するのに対して，原核性のバクテリアはどのように進化してきたのか，ま

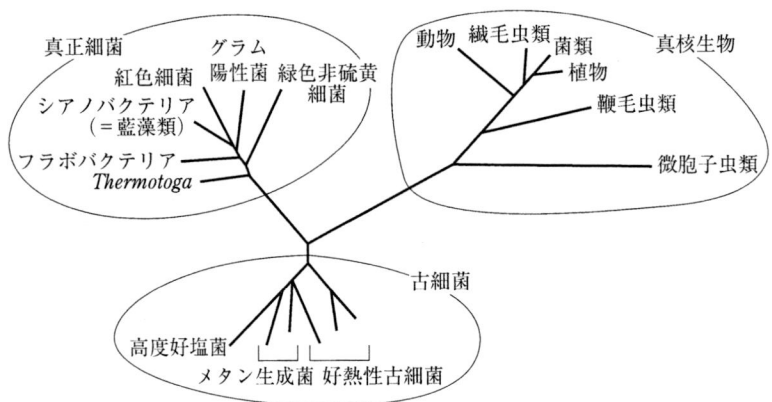

図 4.1 真核生物，真正細菌と対比した古細菌の系統推定図

だ知見は乏しい．しかし，速度は遅いとはいえ，バクテリアも多様化を続けているはずである．

そのような視点で解析すれば，メタン生成細菌，高度好塩菌，好熱好酸菌など，古細菌と総称されるバクテリアは，大腸菌，コレラ菌，結核菌などの真正細菌とは系統的にずいぶん離れているものであることが確かめられ，さらに，古細菌が真核生物の祖先型であって，真正細菌は古細菌―真核生物という系統とは別のものであることが確かめられたのである（図 4.1）．極端に多様化している真核生物に比して，真正細菌にも多様化が見られたことは十分に推定されることであるが，その実体がどうだったかについては，まだ十分な情報が得られていない．

原核生物と人

原核生物は生命が地球上に姿を現した時のかたちやはたらきを，基本的には今も踏襲している．一方，30 数億年の進化の歴史の結果として，人は生物界でもっとも進んだ万物の霊長であると，自分自身で宣言している．しかし，地球上での生活においては，いずれも 30 数億年の生命の歴史を背景にしているバクテリアもヒトも，それぞれの役割を分担して地球上で生活をしている．己を万物の霊長というヒトも，体内に原核生物である大腸菌がすんでいなければ自然状態では生きていくことができない．共生している例だけでなく，バクテリアの助けがヒトの生活をどれだけ豊かにしているかは例をあげる暇のないほどである．もっとも，細菌といえば，黴菌という広い表現の印象が如実に物語るように，ヒトに危害を与える病害菌として語られることの方が多い．ただ，病害菌による感染症については，医学の進歩によって，菌の同定さえ確実であれば対策はほとんど完全といえる時代になった．だから，バクテリアがヒトの

敵であった時代は終わり，今では，バクテリアからいかに有効にヒトに益する情報を引き出すか，が科学の課題になる時代に入っている．

━━━━━━━━━━━━━━━━━ Tea Time ━━━━━━━━━━━━━━━━━

 現生の古細菌

　古細菌が系統分類学の話題をにぎわすようになったのは比較的新しいことである．

　16SrRNA（と略称されるリボゾーム RNA の小サブユニット）をマーカーとした解析で，メタン生成細菌は，他の細菌とずいぶん違っており，メタン生成細菌，他の細菌，真核生物が系統上は同格の位置にあることがウィーズ（1977）によって確かめられた．メタン生成細菌は原始地球の大気の成分と似た組成の水素—二酸化炭素を利用することから，この群を古細菌と呼んだ．その後，高度好塩菌，硫酸還元菌，硫黄代謝高熱菌などがメタン生成細菌と同類であることが確かめられ，古細菌と呼ぶ一群のバクテリアは，他のバクテリアよりも，真核生物に系統的により近縁であることが明らかにされた（ウィーズ，1990）．

　古細菌の生活しているところは，高熱，高圧など，現生の真核生物が生きていけないような環境下である．しかし，地球が新生され，生命が地球上で創成された頃は，地球はまだ十分に冷えきっておらず，現在古細菌が生活しているような高温，高圧などの条件下だったと推定される．そのことから，古細菌は最初に地球上に現れた生き方を示していると考えられ，新しい視点で研究対象となっている．

━━━━━━━━━━━━━━━━━━━━━━━━━━━━━━━━━━━━━━

第5講

真核生物の進化と原生生物

キーワード：20億年　　真核生物　　細胞内共生　　ミトコンドリア　　葉緑体

　地球上で進化を始めた生物は，原核生物と呼ばれるかたちで十数億年生き続けてきた．徐々に進化の歩みを展開してきた生物が，真核性の細胞を創出したのは，十数億年から20億年近くの日時を経てからだった．真核性を獲得して，生物の進化はさらに加速され，高度化されることになった．

真核生物とは何か

　真核生物とはDNAを中心にした核物質が核膜に包み込まれた構造をとっている真核細胞で構成されている生物である．それに対して，原核生物のもつ原核細胞では，DNAは細胞内に（多少細胞の中心部に集まる傾向はあるにしろ）広く拡散している．

　真核細胞は，有形の構造である核をもつだけでなく，その他にもいろいろの構造物（ひっくるめてオルガネラ，細胞器官という）が認められる．しかし，真核生物が進化してきた直後のオルガネラなどの細胞構造が，現生動植物の細胞構造とよく似た状態にあったかどうかは正確にはわからない．あとで述べるように，ミトコンドリアと葉緑体の進化はともに1回起源の細胞内共生によるものと推定されているものの，真核生物のすべてにミトコンドリアがある（例外的に，原生動物鞭毛虫類の1種ギアルディアにはミトコンドリアが認められない）のに対して，葉緑体は植物に固有だから，葉緑体の進化はミトコンドリアの進化よりあとに生じたと推定される．

　真核細胞は細胞内に有形的な核を新生させて進化してきた生物であるが，真核生物になってからの進化の過程でさまざまのオルガネラが進化し，質量ともにめざましい発展を遂げている．

細胞内共生

　細胞融合という技術はバイオテクノロジーにとっては不可欠の技術のひとつ

である．しかし，細胞が融合して新しい性格を創出する現象は，生物が示してきた性質の中でも主要なもののひとつといえる．たとえば，有性生殖は二つの生殖細胞が接合して1個の接合子をつくる現象であるが，これも2個の細胞が融合するものである．もっとも，これは同じ種の異なった細胞（より正確には，動物や他殖性の植物では，同一種異個体の同種類の細胞）の融合である．

細胞内共生と総称されるのは，異なった種の細胞どうしが合体し，新しい細胞を創出する現象である．二つの細胞の対等な合体というよりは，ある細胞に別の細胞が取り込まれ，取り込まれた細胞は母体となる細胞の一部としてはたらくようになる．とりわけ，真核細胞が進化する過程で，ミトコンドリアや葉緑体が形成された細胞内共生が顕著な例とされる（図5.1）．

分子系統解析などによって，真核生物の先祖は古細菌のうちのあるものだったと推定されている．十数億年か20億年ほど前に，古細菌のあるものの細胞で，DNAがひとまとまりの固まりとなり，膜で包まれた独立の構造体（＝核）をつくるようになった．その細胞の中に，ある種のバクテリア（好気性非硫黄細菌の1種パラコックス類似の真正細菌だったと推定される）が取り込まれ，細胞内で酸素呼吸の役割を演じているうちに，細胞の一部となってしまうように落ち着いてしまった．もともと独立の原核細胞だったのだから，ミトコンドリアにはDNAが含まれている．しかし，真核細胞のオルガネラのひとつとなって十数億年以上の期間を過ごすうちに，細胞としての生活は母細胞に依存

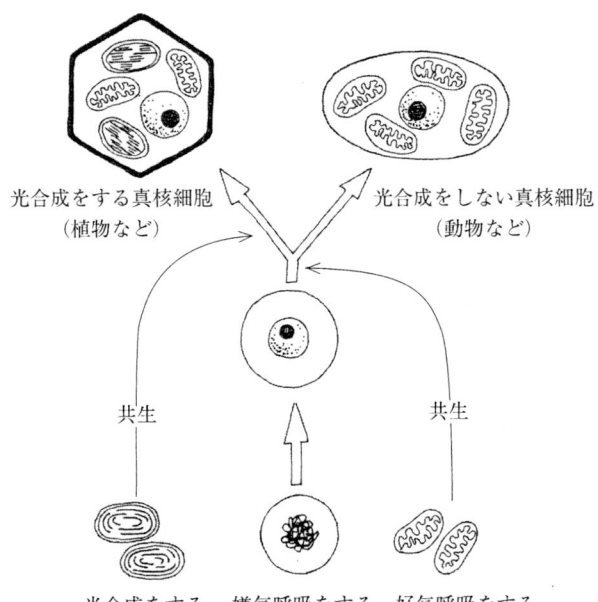

図 5.1　真核生物進化の際の細胞内共生概念図

し，オルガネラとしてのはたらきに限定した生命活動（母細胞のはたらきのうちある機能に特化．この場合は酸素呼吸に関与）に専念して，DNAの不要な部分を整理する進化を重ねたものか，ミトコンドリアのDNAは核のものと比べて総量が極端に小さくなり，たとえばヒト細胞中のミトコンドリアでは16569塩基対だけになっており，13種類のタンパク質に対応する遺伝子をもつのみである．

　ミトコンドリアの起源となった細胞内共生は，すべての真核生物を通じて1回だけ見られた現象だったことが分子系統解析などで確認されており，真核生物が単系統のものであることは確かめられている．そうやって進化してきた真核細胞のあるものに，シアノバクテリアが細胞内共生し，時間をかけてオルガネラとして落ち着いたのが葉緑体である．葉緑体もまた1回起源のものであり，だから葉緑体をもつ藻類と陸上植物（合わせて広義の植物と呼ぶ）もまた単系統群であると考えられそうである．

　細胞内共生としては，ミトコンドリアと葉緑体の起源が進化の過程でもっともめざましいイベントとして紹介されることが多いが，藻類の進化の過程では，さらに同じような現象が演じられたことが確かめられており，その現象を二次細胞内共生と呼んでいる．結果として，藻類の多様性には葉緑体の1回起源だけでは説明のつかない現象（収斂，Tea Time 参照）が含まれるが，その詳細は第9講で触れる．

現生の真核生物の多様性

　最初の真核生物は現生の生物でいえば何だったろうか．葉緑体をもっていなかったのだから植物ではなかったはずし，たぶん多細胞体にはなっていなかったから動物でもない．菌糸をつくってはいなかったはずだから，菌類ともいえない．とすれば，原生生物の何かだったとしかいいようがない（原生生物としてひとまとめにする群がそれくらい便利な群であるということがこのことからも理解できる）．真核生物が進化してから，時間をかけて，5界説でいう原生生物，動物，菌類，植物に至る系統が分化したはずである．

　植物の起源は葉緑体の形成にともなうものだから，細胞内共生によって葉緑体というオルガネラが形成された時点で植物が出現したといえる．もっとも，それがいつだったかはまだ確かめられていない．真菌類のからだは基本的に菌糸の集合体であるが，ツボカビ類には単細胞体も知られる（第27講参照）．動物と呼ばれる系統群（＝後生動物）も多細胞体でつくられる．真核生物が出現した十数億年以上前には，単細胞体しか生きていなかったと推定される根拠があるので，これらの系統群の出現も，真核生物のその後の進化の過程で生じた

ものと考えられる．

　真核生物のうち，植物（葉緑体をもつ群），動物（受精卵が胞胚，嚢胚を経て発生する多細胞体），菌類（菌糸の集合体）の三つの系統群は定義もしやすいし，系統の独立性も比較的よくわかっている．だから，本書でも，植物は第8～25講で，菌類は第26～30講で紹介する．（動物については，このシリーズの別書『動物の分類・形態30講』で紹介される．）

　真核生物のうち，植物，動物，菌類の3系統を除いた残りを原生生物と総称する．次講で述べるように，原生生物と呼ぶ群は，上記3系統を除く真核生物の呼び名で，真核生物という意味では単系統群であるが，そこから分出した3系統群を除外したもので，これら3系統群のそれぞれがいつ頃どの系統から分出したかもまだ確かめられていない．

═══════════Tea Time═══════════

分化と収斂

　生物進化は二分岐を基本とするものと考えられてきた．すなわち，ある母型のうちに，変異が生じ，変異型どうしの間に生殖隔離などが確立すると，ひとつの型が2型に分化するというのが多様化＝進化の基本であると理解されていたのである（下図）．

　ところで，細胞内共生のように，遺伝子の平行移動があることが確かめられると，ひとつの型が2型に分化するだけでなく，二つの型がひとつに融合する進化もあるということになる．進化＝多様化ではないのである．

　ミトコンドリアをもった最初の真核生物は古細菌のあるものと，好酸性バク

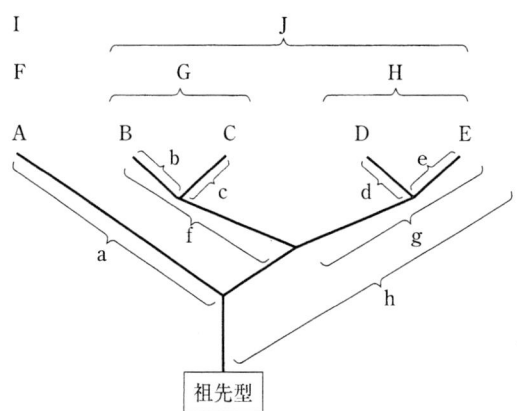

系統分化の概念図：a～hの系統に対応して，A～Jのさまざまな階級の分類群が設定される．

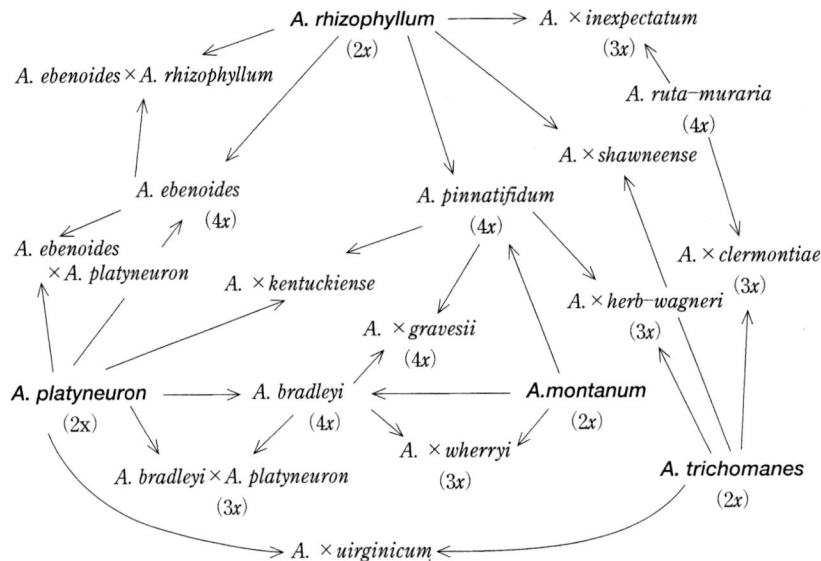

網状進化には収斂も見られる．太字の4種の2倍体種から交雑を通じて多様な「型」がつくり出された．アメリカ東部のチャセンシダ属．

テリアの細胞内共生でできたものだから，二つの生物が共生してひとつの型を生じたものである．葉緑体をもった最初の真核生物も，真核生物に進化していた細胞とシアノバクテリウムが共生したもので，ここでも二つの生物からひとつの型が生じている．個体数の上では減数することになる収斂進化が見られるのである．

植物のうちには，自然雑種の形成と染色体の倍数化などが組み合わさった種分化がめずらしくない（上図）．この場合も，両親の型（2個体）から，新しいひとつの型が生じるのであり，個体の数は減数している．

二分岐を基本とする進化の積み重ねは，分類体系に類型化するのが容易な多様化である．しかし，進化の過程に収斂や網状進化などが加わると，平面的な分類体系にまとめることは至難のわざとなる．現在では，そのことを十分認識しながら，分類体系はひとつの類型におさめているが，これは人為的な分類体系であることを容認するものである．

第6講

原生生物の多様性

キーワード：単細胞動物　アメーバ　ゾウリムシ

　真核生物のうち，動物，菌類，植物に属さないものを総称して原生生物という．前講で述べたように，原生生物という独立の系統群があると確かめられているのではなく，むしろ真核生物のうちから，系統の独立性がはっきりしている上記3系統群を除いたすべてを包括的に扱う群である．
　植物を広義に定義し，葉緑体をもつ藻類をすべて植物に含めて論じることにすると，原生生物と呼ばれる真核生物には，従属栄養のものだけが含まれることになる．大きく分けて，動物的な性質の強い単細胞の原生動物と，菌という場合には一括して扱われてしまういわゆる偽菌類である．

原　生　生　物

　原生生物という系統群を認めることは難しいだろう．動物，植物，菌類の三つの系統に属さないすべての真核生物を放り込んだ分類群として，人為的に設定されたのが原生生物であると理解したい．現在の科学がもっている情報を総合しても，原生生物という群にひとまとめにされている生物の相互の系統関係を明確に示すことはできない．
　藻類を原生生物に含めて論じることがある．陸上の植物がよくまとまった群だから，狭義では陸上植物だけを植物と呼ぶことがあるからである．しかし，陸上植物が4億年より少し前に，緑色藻類から進化してきたことはほぼ確実に確かめられているので，系統群として陸上植物だけを別扱いにするのは奨められたことではない．ここでは，藻類も植物として取り扱い，原生生物からは除くことにする．もっとも，藻類のうちには，偽菌類や原生動物のあるものと系統的につながっていて，二次細胞共生（第9講参照）によって葉緑体を獲得したものもあり，植物の系統的な起源は複雑である．
　従属栄養の原生生物のうち，原生動物と呼ばれる一群の生物がある．しかし，原生動物と総称される主として単細胞の動物たちを，ひっくるめて動物と

いう系統に属させることに賛成しない向きがある．原生動物といっても，アメーバの仲間は変形菌類と類似点が認められるし，鞭毛虫類とされていたものの大部分は藻類と近似であること，あるいは藻類そのものであることはほぼ間違いない．胞子虫類と呼ばれる群もまた後生動物と系統的につながりがあるという積極的証拠はない．

　動物といえば，多細胞性の後生動物が，内容は極端に多様に分化していても，系統群としてはまとまりのあるものだけに，いわゆる原生動物とは峻別して取り扱う．動物の多様性については本シリーズの『動物の多様性30講』で独立に，詳細に紹介される．後生動物は現生の生物種の大多数を占めるほど繁栄している群ではあるが，系統としてはまとまりのあるものと理解しやすい．とりわけ，雌雄の配偶子の明瞭な有性生殖の結果，受精卵が規則正しい卵割をくり返し，胞胚から嚢胚へと展開し，胚葉を分化させる発生の過程は，（たとえ特定の群に特殊化の見られるものがあったとしても，）多細胞の後生動物が単一の系統に属する群であることを雄弁に物語る．

　原生生物のうち，菌類とのかかわりがもっとも複雑でよくわかっていない問題である．菌類（＝真菌類）との対比で偽菌類と総称される多様な内容の生物については，わかっていることをまとめて第7講で紹介することにしよう．

原 生 動 物

　動物的な生物のうち，多細胞体である後生動物以外のものをひっくるめて，伝統的に原生動物として扱っている．逆に，単細胞体で，動物的なものをすべて原生動物と呼んできたという言い方もできる．だから，後生動物との類縁性について，原生動物を一括して論じることは意味がなく，まず，原生動物とは何かを通覧してみよう．

　伝統的な扱いでいえば，原生動物は肉質虫類，鞭毛虫類，胞子虫類，繊毛虫類などに区別される（図6.1）．

　アメーバ運動をする**肉質虫類**には根足虫類，軸足虫類が区別されることがある．根足虫類はアメーバの仲間であり，軸足虫類はタイヨウチュウ，有孔虫などである．アメーバの仲間は変形菌類と一緒に論じられることがあるが，変形菌類の変形体はアメーバ運動をして，アメーバとほとんど変わらない．アメーバは変形菌類の生活環の一部だけが残ったものではないかという考えもあるが，確かな証拠はない．

　アメーバ運動をするというだけなら，紅藻類の生殖細胞も鞭毛をもたずアメーバ運動をする．こういう細胞の状態は，おそらく並行的に進化してきたもので，系統的なつながりを指標するものではないだろう．

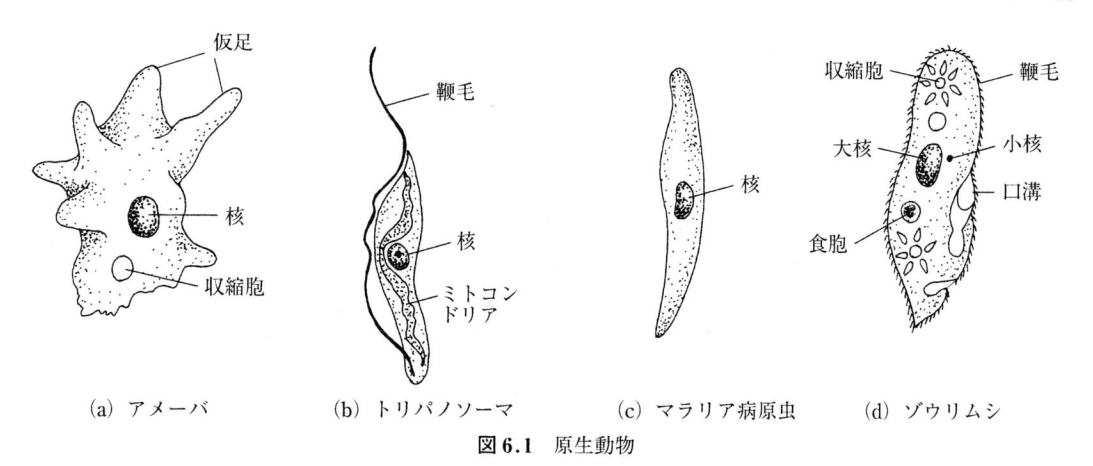

図中ラベル：
(a) アメーバ：仮足、核、収縮胞
(b) トリパノソーマ：鞭毛、核、ミトコンドリア
(c) マラリア病原虫：核
(d) ゾウリムシ：収縮胞、鞭毛、大核、小核、口溝、食胞

図6.1 原生動物

　有孔虫は300以上の属が記載されているなど多様で，それなりに研究も進んでいる．有孔虫は地質時代に繁栄した比較的大形の原生動物であることから，地質学，古生物学上重要な指標生物とされている．

　鞭毛をもって運動する単細胞体は**鞭毛虫類**と呼ばれる．このうち，植物性鞭毛虫類は葉緑体をもっており，単細胞藻類である．本書では藻類のところで扱う．動物性鞭毛虫類は従属栄養の単細胞体であり，トリパノソーマやトリコモナスなどはこの例である．この仲間もさまざまな単細胞体の集合体ではないかと推定されることがあり，中には寄生生活に適応して葉緑体を退化させたものなどもあるようである．ミトコンドリアが見当たらない真核生物としてよく名前を見るギアルディアの場合も，もともとミトコンドリアをもたない真核生物（他の真核生物と並行的に進化してきた？）なのか，二次的にミトコンドリアを失って進化した生物なのか，まだ確認されていない．

　胞子虫類（アピコンプレックス類，種虫類などと呼ばれることもある）の例としてはマラリア病原虫があげられる．ヒトに寄生し，3～4日周期で増殖して寄主のヒトに高熱症状をひき起こす．環境が悪くなると，殻に覆われて，胞子のような構造をとることから胞子虫類と呼ばれる．約4000種が知られているが，いずれも寄生性の単細胞体である．他の生物群との系統関係はよくわかっていないが，寄生生活に適応して特殊化したものと考えられる．動く単細胞体であることから，伝統的に原生動物の一群とされているが，原生動物の他のどれかとの類縁関係が示されているというのではない．

　多細胞動物との系統関係が話題になる原生動物といえば**繊毛虫類**である．ゾウリムシは2個の核をもっているので，厳密に単細胞体とはいえないが，伝統的に原生動物に分類される．細胞どうしが接合する生殖の様式もやや複雑である．ラッパムシ，ツリガネムシなど，約8000種が記録されている．

ミドリゾウリムシは繊毛虫類の1種であるが，細胞内に緑色藻類を共生させていることが特異的である．細胞内共生の前駆型かどうかは特定できないが，生き物のさまざまな共存，共生のひとつの型として注目される．

　動物（＝後生動物）の祖型は10億年ほど昔まで遡れるとされる．祖先型としては二胚虫類が例示されることがあり，それとの類似で，原生動物の中ではゾウリムシの仲間が祖先型に擬せられる単細胞動物といわれることがある．しかし，多細胞の動物の起源を正確にあとづける証拠はまだ得られていない．

原生動物と人

　原生動物と人とのかかわりといえば，ほとんどが病原性の原生動物とのかかわりになる．胞子虫類にマラリア病原虫などがあるのは著名である．南米の野外調査を行った際に私も罹ったことのあるアメーバ赤痢は，原生動物が腸内に寄生し，腸壁を喰い破ることから赤痢様の症状を示すものである．

────────── Tea Time ──────────

さまざまのアメーバ

　高校生の頃の課外活動で，顕微鏡でアメーバの細胞の運動を観察し，ミクロの世界への関心を開かれた．教科書的には，原生動物の偽足類（肉質虫類）に属するアメーバという微小な動物がいると理解した．*Amoeba* という学名を与えられているアメーバは確かに原生動物の1種である．しかしアメーバ運動をする生物は他にもいくらでもあることを教えられたのはもっと後になってからである．

　粘菌は変形菌類とも呼ばれる．細胞がかたちを変える，というのはアメーバ運動をすることを意味する．実際，粘菌も細胞性粘菌も，生活環の主相は変形体で，これはアメーバ運動をする．だから，変形菌類（粘菌，細胞性粘菌）は原生動物偽足類（肉質虫類）に分類されることもある．変形菌類はアメーバであるという解釈である．変形菌類の生活環のうち，変形体のところだけが残ってほかが退化してしまったのがアメーバである，と解釈されることがあるが，それを支持する確実な証拠があるわけではない．

　紅藻類には生活環を通じて鞭毛をもって動く単細胞体がつくられることはない．生殖細胞も運動性をもたないといわれることがある．しかし，実際には生殖細胞はアメーバ運動を行っており，運動を司る鞭毛はもたない，というのが正確な表現である．ここでも，紅藻類の生殖細胞はアメーバである，ということができるのである．白血球が外から侵入してきたものを摂食するのも，細胞

の内部に取り込むのだから，アメーバの摂食活動に擬せられるものである．ヒトの体内（組織の一部）にもアメーバがあるということになる．

　アメーバと呼ばれる原生動物種がある．それと同じように，アメーバ運動を行う生き物（組織，細胞）が，その種の生活環のある時期に見られたり，生活のある側面で見られたりするというのも生物界に普遍的な現象である．

第7講

偽菌類の系統と分類

キーワード：変形菌類　　細胞性粘菌　　卵菌類　　サカゲツボカビ類

　第26～30講で述べるように，菌類界は真菌類の世界である．栄養体の細胞は，細胞壁でくぎられ，運動性のない菌糸を基本としており，まとまった系統群と理解しやすい．しかし，菌と一括して述べる際には，真菌類以外の生物も取り上げる．（多細胞の）動物でも（独立栄養の）植物でもなく，真菌類でもない真核生物のうち，単細胞で運動性のある原生動物を除けば，他のものは広義の菌類に含まれ，真菌類以外の菌をひっくるめて偽菌類ということがある（偽菌類の定義としては，卵菌類，サカゲツボカビ類などを狭義に指す場合もあるが，ここでは広義の粘菌類も含めて広い範囲で考える）．以下に述べるように，だから，偽菌類という系統群があるというのではなく，どこへも行きどころのない生物をまとめてここで紹介するのである．そう考えると，偽菌類には，広義の原生動物に関連づけられる変形菌類と細胞性の粘菌類，ストラメノパイル類とひとまとめにされる卵菌類，ラビリンツラ類，サカゲツボカビ類，それに他の群との関係が不明のネコブカビ類があげられる．

広義の粘菌類

　変形菌類（図7.1）は粘菌類（＝真正粘菌類，細胞性粘菌類と区別する）ともいう．栄養体には細胞壁がなく，生活環のうちには運動してバクテリアを摂食する粘菌アメーバの時期がある．無性生殖細胞（＝遊走子）や動配偶子は長短2本のむち型鞭毛が頭部にあり，粘菌アメーバである動配偶子が接合してつくる複相の変形体からセルロース性の細胞壁をもつ胞子がつくられる．
　2界説の分類系では変形菌類は動物界の原生動物門に含まれるし，植物界では粘菌門として分類され，両界に名前を見せる．現代でも，他の生物との系統関係については，確かな証拠をともなった説はない．南方熊楠が興味をもって研究したのも，動物でも植物でもない変形菌類の姿に惹かれてだった．
　細胞性粘菌類と総称される生物は，狭義の変形菌類と比べて，子実体形成を

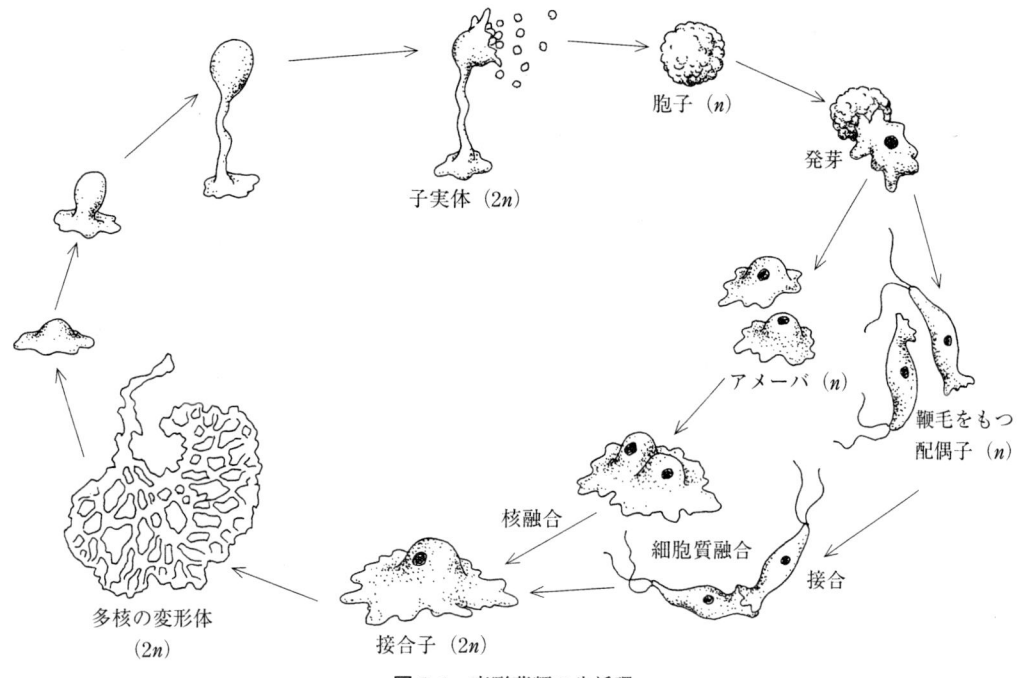

図 7.1 変形菌類の生活環

することが特徴である．粘菌アメーバが集合して変形体をつくり，そこからカビ状の子実体が出てくるが，その柄の先端に多数の胞子が形成される．鞭毛をもつ動配偶子はつくらない．変形菌類とは系統的に独立の群であることが強調されたことがあるが，分子系統解析の資料などから，生物界のうちで近縁のものを探すとやはり変形菌類に落ち着く．むしろ，同じ細胞性粘菌のうちでも，アクラシス類とタマホコリカビ類は相互に近縁性がなく，それぞれが変形菌類と並んで独立の門の階級を与えられるべきであるとされる．

変形菌類も細胞性粘菌類もモデル生物として生物科学の研究材料に使われることが多い．変形菌類は原形質の運動生理の研究の材料とされるし，細胞性粘菌は形態形成の研究材料として活用されている．

ストラメノパイル類の偽菌類

藻類のうちには二次細胞内共生を行った黄色植物（褐藻類や黄金藻類など，第 9 講参照）などの系統があるが，偽菌類とされる卵菌類，ラビリンツラ菌類，サカゲツボカビ類はこれらの藻類と近縁であることが確かめられている．

ミズカビ，ワタカビなど**卵菌類**の栄養体は単細胞体か，根のように広がる偽菌糸体である．無性生殖細胞である遊走子にはむち型と羽型の 2 本の鞭毛があり，有性生殖は造卵器と造精器の接触（配偶子嚢接触と呼ぶことがある）によ

って導かれ，接合子は厚い細胞壁に包まれた卵胞子となる．主として遊走子で増殖し，生活環では複相生物である．

　同じように水中で生活する**ラビリンツラ菌類**の栄養体は紡錘形の単細胞体が細い糸で連結した網状の偽変形体である．遊走子の鞭毛は卵菌類のものと似ている．胞子壁の主成分がセルロースである点も卵菌類と似ている．

　サカゲツボカビ類の栄養体は単細胞体か根のように広がる偽菌糸体であるが，遊走子の先端に1本の羽型鞭毛をもつことが特徴的である．細胞壁はキチン質を主体とする．名前のよく似ているツボカビ類では，細胞壁のはっきりした管状糸状体をつくり，遊走子や動配偶子には尾状に鞭毛がつく．

　第9講で詳しく述べるように，ストラメノパイル類では主体は藻類であり，ここで紹介した偽菌類は葉緑体をもたず，従属栄養の生活をしている．しかし，生活環のさまざまな時期に見られる特徴は黄色藻類と酷似している．黄色藻類の系統に属しているが，二次的に葉緑体を失った生物なのか，黄金藻類が卵菌類などと同根で，後に二次的な細胞共生によって葉緑体をもつようになったものか，系統分類のためにはこの群の成立のより正確な過程を知る必要がある．

ネコブカビなど

　藻類，陸上植物，菌類の細胞内に寄生することが知られており，休眠胞子が発芽して泳ぎ出す一次遊走子が寄主の細胞に侵入し，膜を被った状態をとる．やがてこの細胞が集合して，多核で細胞壁のない変形体をつくる．この変形体に遊走子嚢がつくられ，二次遊走子を生じる．二次遊走子は減数分裂をし，胞子嚢の塊をつくり，その中に休眠胞子をつくる．遊走子にはすべて長さの異なる2本のむち型鞭毛をつける．

　アブラナ科植物などの根の組織に寄生すると，胞子嚢の塊が根に瘤をつくるように見えることからこの名がついている．寄生生活で特殊化している性質もあるだろうが，今のところ，生物界の他のどの群とも系統関係を示唆することができない．

──Tea Time──

南方熊楠の粘菌

　和歌山出身の博物学者南方熊楠（1867-1941）は長い欧米生活のあと，日本へ帰国してから後，田辺市に落ち着いて博物学の研究を続けた．自宅の庭で粘菌の観察をしたのも，彼の多様な業績のうち，代表的なもののひとつである．

南方熊楠邸の庭の柿ノ木．この上に発生した粘菌に，
南方熊楠は関心をもった．

　彼は粘菌を動物と植物をつなぐ生き物と考えた．当時の2界説でいえば動物にも植物にも属さない生物であることを喝破したのは，学の権威にとらわれない市井の博物学者らしい．当時の高野山の管主と戦わせた論議のうちに，主題のひとつとして，粘菌の生き方が飛び出すのも愉快である．

　その頃，研究者があまり関心をもたなかった粘菌に，熊楠は強い関心をもち続けた．しかし，当然のことながら，どこにどういう粘菌がいるかという関心がはじまりである．粘菌が現れると，きっちり標本にし，同定してリストを公表している．それ以上の解析的な研究は，熊楠の興味の対象ではなかった．実際，粘菌を使って原形質の運動や形態形成の研究が進められるようになったのは20世紀も半ばを過ぎてからで，熊楠は粘菌の生物学を楽しむためには早く生まれすぎていた．

　熊楠の粘菌といえば，和歌山県へ行幸された昭和天皇に拝謁し，求められて粘菌の標本を差し上げるのに，森永ミルクキャラメルの空箱におさめたという彼らしい逸話が話題になる．昭和天皇が粘菌を研究材料に選ばれたのは，当時の研究者のうちに粘菌を主対象とするものがいなかったので，研究上の競合がないことが考慮されたものだそうであるが，すでに論文も書いていた熊楠の粘菌の研究は競合するほどのものではないということだったのだろうか．

第8講

藻類の系統と進化

キーワード：紅藻類　　灰色藻類

　藻類は独立栄養の原生生物とされることもある．しかし，緑藻類から陸上植物が進化してきた事実はほぼ確実にあとづけられているのだから，緑藻類と陸上植物はひとつの系統群にまとめられるべきである．そういえば，葉緑体の起源が単系統であることも確かめられているのだから，葉緑体をもっている藻類は単元的に進化してきたことになる．しかし，藻類と一括される生物群のうちには，植物が進化してきたより後に，別の原生生物に，緑藻類や紅藻類から二次細胞内共生によって葉緑体を平行移動させ，藻類のような生活をしている生物群がある．これらの生物群を含めて，本講から第10講までで，藻類とは何か，藻類はいかに多様な生物であるかを紹介したい．

葉緑体の起源と進化

　生物が存在するためには，消費するエネルギーを保障するための有機物合成が不可欠である．30数億年前に地球上に生物が出現したその初日に，だから，有機物合成が行われていたと推定するのは必然である．その時の有機物合成は，たぶんなんらかのかたちの化学合成だっただろう．しっかりした根拠はないまでも，現生の硫黄細菌が演じるような有機合成が営まれていたと推定することが可能である．もちろん，地球上に最初に現れた生物はシアノバクテリアだったと想定する研究者もあり，最初の生物が何であったかはまだ解決されていない謎である．

　クロロフィルを触媒とする酸素発生型光合成がいつ頃どのように進化してきたのか，実証的に示されてはいないが，32億年前の化石にはシアノバクテリアと同定される化石が含まれているとされる．だから，クロロフィルは30億年よりずっと前に生物体に含まれていたということである．

　シアノバクテリアの真核生物との細胞内共生が1回起源であったことは第5講で述べたが，それがいつ生じた現象であったかはまだ確実に確かめられては

いない．ミトコンドリアの形成よりはあとだったことは確かだし，ミトコンドリアが定着して500万年後に葉緑体が形成されたという説もあるが，根拠は確かではない．

現生のシアノバクテリアの環状ゲノムは他のバクテリアのものよりも大きく，357万3千塩基対と数えられ，約3200の遺伝子が識別される．葉緑体の環状ゲノムは12〜20万塩基対と数えられているので，（20億年ほど前のシアノバクテリアは現生種ほど大きなゲノムをもっていなかったと仮定しても，）共生したシアノバクテリアのゲノムの大部分は母体の細胞の核ゲノムに移行してしまったことになる．

シアノバクテリアが古細菌と推定される細胞と共生して葉緑体を形成したのは1回進化だったとみなす根拠がある．しかし，藻類になってから，真核性の藻類が他の生物と細胞内共生をする二次共生が行われるようになり，葉緑体が並行的に生物界を移動する現象が生じるようになった．その結果，葉緑体の起源は単一の現象だったとしても，葉緑体が生物界のうちで多様化し，生物の生活に有力な貢献をもたらすことにつながったのである．

藻類と総称される生き物

酸素発生型光合成をする生物のうち，陸上植物を除いたものが藻類である．そう定義すれば，原核生物のシアノバクテリア（＝藍藻類）も藻類と呼ぶことになる．実際古典的な教科書には藍藻類も植物の1群，藻類の1群として記述されていた．しかし，真核生物の単系統性が確かめられている以上，シアノバクテリアは，酸素発生型光合成はしても，真核生物と同じ系統の生物とはいえず，本書でも原核生物のところ（第2講）で簡単に紹介した．

原核生物を除き，真核生物で酸素発生型光合成をする陸上植物以外の生物群と定義すれば，藻類の範囲はより明確に理解することができる．しかし，その藻類の多様な群の認識と相互の系統関係については，最近の研究でさまざまなことがわかってきたので，伝統的に緑藻類，褐藻類，紅藻類などと並べるだけではその内容は理解できない．すなわち，細胞内共生によって二次的に葉緑体が移動し，酸素発生型光合成がより広範に営まれるようになったとすれば，単元的に進化してきた植物的な藻類だけでなく，他の生物（原生動物だとか偽菌類を想定することができる）に葉緑体をもった藻類が二次細胞内共生を行った藻類とがあることになり，藻類と総称される生物はそれらを包括して呼んでいることになる．その意味では，葉緑体の真核生物としての起源は単元的だったとしても，藻類のすべてをすぐに陸上植物を含めた単系統群と断定するのは早計であるともいえる（図8.1）．

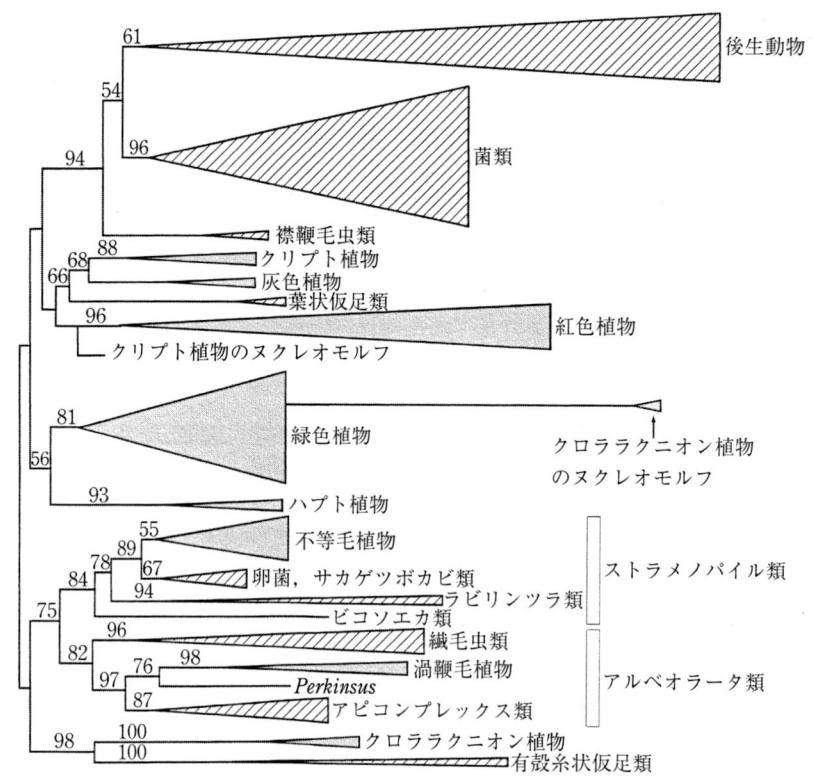

図 8.1 藻類の系統関係の推定図

表 8.1 藻類と総称される生物群

［原核生物］	藍藻類（＝シアノバクテリア），原核緑藻類
［灰色植物］	灰色藻類
［紅色植物］	紅藻類
［クリプト植物］	クリプト藻類
［ストラメノパイル］	黄金色藻類，黄緑藻類，ラフィド藻類，珪藻類，褐藻類
［ハプト植物］	ハプト藻類
［アルベオラータ］	渦鞭毛藻類
［ミドリムシ植物］	ミドリムシ藻類
［クロララクニオン植物］	クロララクニオン藻類
［緑色植物］	プラシノ藻類，緑藻類，アオサ藻類，シャジクモ藻類

そこで，藻類と総称される生物群を表 8.1 に一覧し，そのうち主なものについて簡単に言及しよう．

紅 藻 類

緑色藻類と並んで，藻類のうちで，一次細胞内共生の結果つくられた生物が多様化し，そのことが葉緑体を包む膜が二重膜であることによって示されてい

る大きな群としては紅藻類があげられる．5500種ほど記録されているが，ほとんど全部海産で，淡水産の種は約150種にすぎない．

葉緑体は二重の包膜で包まれ，内幕のすぐ内側に周縁チラコイドがある．葉緑体DNAは凝集し，小さな核様体としてストロマ内に散在する．紅藻類は葉緑体aをもつが，他に緑藻類のbや，褐藻類などのcと違って，dをもつもののあることが報告されている．最近，このdは紅藻類に共生するシアノバクテリアの1種がもつものであることが示唆される観察も行われた．光合成色素タンパクとしてフィコビリン（フィコシャニンとフィコエリスリン）が大量に認められ，光合成の同化産物は紅藻デンプン（緑色植物が合成するデンプンより分子量の小さい少糖で，ヨード反応で赤色を呈する）である．

からだのつくりは基本的には糸状体であり，何本もの糸がゼラチン状の鞘で包み込まれて三次元的に見えるからだをつくる．生活環は複雑なものが多く，生殖は単胞子，果胞子，四分胞子などの胞子形成，卵細胞と不動胞子の接合による有性生殖など，さまざまな型がある．ただ，生活環を通じて，アメーバ運動以外の運動性のある細胞はつくらず，鞭毛をもつ細胞はない（図8.2）．

紅藻類は伝統的に日本人の暮らしと深くかかわってきた．浅草海苔は寿司に不可欠というだけでなく，用途は広い．他にも，カモガシラノリ，オゴノリなど，食用になる紅藻は少なくない．テングサは寒天づくりの材料であり，フノリからは接着剤が産出されていた．スギノリ，イバラノリからはカラギーナン（硫酸多糖）が抽出され，マクリは駆虫剤として活用されたものである．

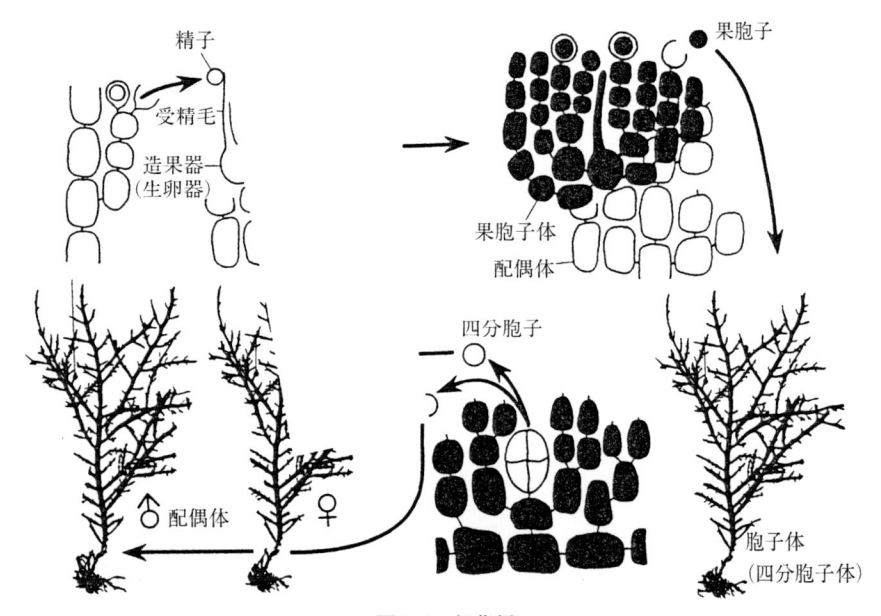

図8.2 紅藻類

灰色藻類

　灰色藻類には淡水性の4属が記録され,遊泳性の単細胞体か不動性の群体である.

　葉緑体の構造に関心が寄せられるが,これはシアネラと呼ばれるオルガネラで,2枚の膜に包まれた青緑色の構造体がクロロフィルを含んでいる.この膜の間にはペプチドグルカンの層があり,これはシアノバクテリアと同じだから,シアネラはシアノバクテリアが灰色植物の中に共生している状態だと説明される呼び名である.しかし,シアネラのゲノムは約13万塩基対でできており,遺伝子地図も葉緑体のものに似ているなど,構造や機能は葉緑体とよく似ている.2枚の膜の間のペプチドグルカンの層が残されただけで,他の点では葉緑体が進化してきたのと歩調を合わせていたのだろう.緑藻,紅藻,灰色藻で,クロロフィルの構成など大きく異なっているように,真核生物にシアノバクテリアが共生してから,葉緑体の多様化が系統の分化を導いてきたと推定される.

═══════════ Tea Time ═══════════

浅草海苔

　海藻を食品に常用する国民は多くない.欧米の植物学の教科書には,日本では海藻を食べる,とわざわざ紹介されることがある.

　日本の食文化を代表するもののひとつである寿司は,今では地球人共有のすぐれた食品となっている.寿司が国際的な日本食になって以来,海藻由来の海苔を食べる習慣も地球規模に広がる傾向がある.寿司にとって,海苔は欠くことのできない食材である.最近では,カリフォルニア巻きなどと呼ばれる新型があるが,これもアボガドなど日本の寿司にはない食材は使うものの,海苔だけは伝統の使い方を踏襲する.

　海苔が地球規模で食されるようになると,藻類の食品としての意義が改めて見直される.藻類には酸性多糖が多く含まれており,食べられると人体内で繊維としてはたらき,降血圧効果や便秘解消に役立ち,他にミネラルやビタミン,不飽和脂肪酸などのはたらきもあって,健康増進に役立つと喧伝される.

　寿司は江戸前をよしとするように,海苔も浅草産が高級品だったのだろうか.この浅草海苔はアマノリという種の紅藻類からつくる製品である.紅藻類のうちでも,原始紅藻類と呼ばれる原始的なグループに属する種である.

　いつ頃まで,浅草産のアマノリが食膳に供されていたのだろうか.今では浅

草産の海苔など特別な貴重品だろう．各地で養殖されていた海苔だけでは品不足で，韓国などから輸入される量が増えている．おまけに，浅草海苔以外に，最近では，緑藻類まで海苔の材料に使われているらしい．韓国産の海苔でカリフォルニア産の寿司米とアボガドを巻いた寿司は日本文化の香りをどこまで演出してくれるのだろうか．

　海苔だけでなく，江戸前からの寿司だねなど危なくて出せないといわれていた時期があったが，江戸前も少しずつ環境条件が回復して，寿司だねになる漁獲が戻り始めているとか．そのうちに浅草産の浅草海苔で江戸前のたねを握った寿司を摘むという贅沢ができるようになると期待したい．そのような贅沢を取り戻す責任は，地球に生きるすべての人がそれぞれ応分に背負わなければならないものである．

第9講

二次細胞内共生で出現した藻類

キーワード：二次細胞内共生　ストラメノパイル群　褐藻類　珪藻類
　　　　　　アルベオラータ　8界説

　藻類と総称される生物群のうちには，植物と同じ系統というのが難しいものがある．原生動物や菌類などに，葉緑体をもつ紅藻類や緑藻類が二次的に細胞内共生をして酸素発生型光合成を行う生活をしているものがあるからである．

二次細胞内共生

　真核生物どうしの細胞内共生について，いろいろの事実が明らかになってきた．自然界で細胞が融合して新しい相を生み出す現象は真核生物の起源の際に見られるだけでなく，植物の進化の過程では決してめずらしくない現象だったのである．

　藻類と呼ばれる生物のうちには，紅藻類や緑藻類のように，真核生物が起源し，葉緑体が形成されて以来ひたすら分化をくり返して進化してきた系統群もあるが，そのような藻類の細胞が，さらに他の系統の生物の細胞内に入り込み，二次的な細胞内共生によって葉緑体をつくって新しい型の生物を創出した場合もあることが確かめられた（図9.1）．葉緑体の水平移動による植物化というべき現象が認められるというのである．しかも，この二次細胞共生は1回や2回生じただけの特異な現象ではなくて，いくつかの藻類の系統で複数回生じたものであることが確かめられている．

　このような現象を識別するために，原核性の藻類（シアノバクテリア）が共生して葉緑体が形成された細胞内共生（第5講参照）を一次共生と呼び，それに対して，真核性の藻類が他の真核生物の細胞と共生し，結果として葉緑体が水平に移動する細胞内共生を二次共生と呼ぶのである．

　クリプト藻という藻類がある．淡水，海水に広く約200種が記録されている．この藻類の葉緑体には4枚の包膜がある．葉緑体と葉緑体の小胞体の間に共生した真核生物の退化した核とみなされるもの（ヌクレオモルフ）があり，

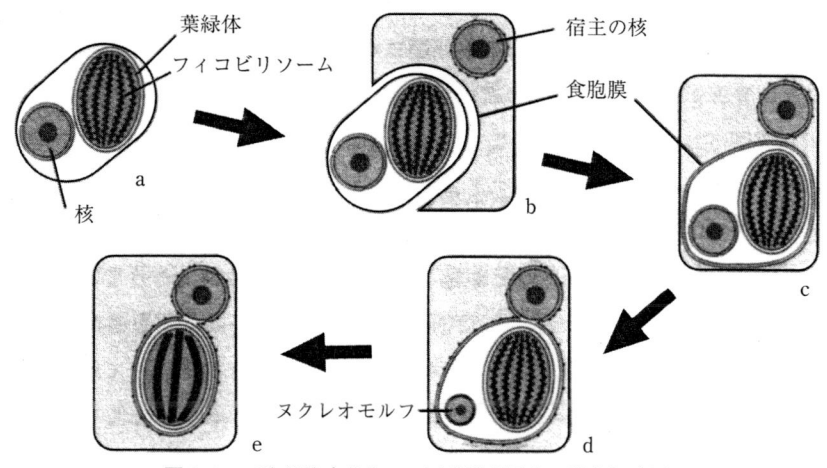

図 9.1 二次細胞内共生——四重膜葉緑体の進化概念図

これは核とは分子系統学的にはずいぶん異なっており，紅藻類と似ていることが確かめられる．クリプト藻の細胞は，従属栄養だった鞭毛生物に紅藻のような生物の細胞が取り込まれ，やがて葉緑体に定着していく過程が示されているもののようである．同じように，**クロララクニオン藻類**では，緑藻の細胞が取り込まれた二次共生が進行中という状態を読み取ることができる．このように，藻類のうちには二つの系統が細胞内共生によってひとつの生物の姿をとっている場合がめずらしくないのである．この類は沿岸域に生息し，3属3種が知られている．**ハプト藻類**は海洋のナノプランクトン（大きさが2〜20μmの微細なプランクトン）の構成要素で，光合成に関する性質では不等毛藻類に似ている．

ストラメノパイル群

二次細胞内共生の結果形成された系統群として理解しやすいのがストラメノパイル群である．

かつて，クロロフィルcをもつ褐藻類や珪藻類などは有色植物とかクロミスタなどと呼んで藻類の三大別のひとつと考えられたこともあった．しかし，分子系統の解析が進んでくると，この群は葉緑体DNAの性質では紅藻類のクレードに入るが，核遺伝子の性質は細胞構造などと同じく紅藻類とは異なっていることがはっきりしてきた．一方，不等毛類と一括するこの群は，偽菌類と考えられる卵菌類，サカゲツボカビ類や原生動物のピコソエカ類などと系統的に近いことも確かめられた．これらと共通の祖先型に，紅藻類の細胞が共生し，紅藻類の葉緑体を平行移動させて進化してきた群であることが確かめられたのである．そこで，これらを一括してストラメノパイル群と総称する（表9.1）．

表 9.1 ストラメノパイル群の分類

（不等毛植物）	
黄金藻類	ヒカリモ，シヌラ，ミズオなど，約1200種
黄緑藻類	フウセンモ，フシナシミドロなど，約600種
褐藻類	コンブ，ワカメ，ヒジキ，ホンダワラなど，約2000種
珪藻類	タルケイソウなど，化石を含め2万種以上
（無色ストラメノパイル）	
卵菌類，サカゲツボカビ類，ラビリントゥラ類　→　偽菌類	
ピコソエカ類　→　原生動物	

黄金藻類はプランクトン性の単細胞藻類で，主として淡水に生活するが，研究が十分でなく，範囲，分類，系統など，まだよくわかっていない．研究が進むにつれ，現在のこの群の定義には問題があることがわかっている．**黄緑藻類**には，フシナシミドロやトリボネマ類など，歴史的には緑藻類に含められていたものもある．しかし，クロロフィルbがなく，cを含むこと，葉緑体が四重膜をもつことなど，不等毛類であることが示される．非遊泳性の単細胞体，パルメラ状体，遊泳性の単細胞体，アメーバ状体，糸状体，囊状多核体など，体制は多様で，ほとんどは淡水産であるが，汽水性，海産の他，土壌藻も知られ，小さい群であるが形態，生態などは多様である．

不等毛類のうちでもっともよく目立つのが**褐藻類**である．主として海産（淡水産は数属のみ），多細胞体で，大形になるものでは200 mを超える．海中の森林の優先種で，体制も高度に複雑化している．葉緑体は四重の皮膜をもち，クロロフィルはa，c，他にフィコキサンチンやカロチノイド色素をもち，植物体は褐色から黄褐色を呈する．生殖細胞は側面に長短2本の鞭毛をもち，前鞭毛は羽型，後鞭毛はむち型である．生活環は単複相植物で同形世代交番，異形世代交番をするものがあるが，配偶体が退化した複相生物の生活環をもつものもある（図9.2）．

褐藻類には，コンブ，ワカメ，ヒジキなど，日本人の食生活に欠かすことのできない種が多数含まれており，また，フノリは糊の原料に，アラメ，カジメらの大形の種はアルギン酸の抽出の材料とされる．人とのかかわりでは，褐藻類が海中の森林を形成し，多様な環境を生み出して海中の生物多様性を維持していることから，水産物の生産に中心的に貢献していることを忘れてはならない．

珪藻類は被殻とも呼ばれる珪酸質の1対の外被（＝細胞壁）に包まれた単細胞藻類で，被殻の表面に微細な紋様が刻み込まれていることから，もっぱら被殻の形態を指標にして同定，分類されていた．硬い殻が化石に残りやすいことから，古生物学の指標種ともなっている．最古の化石は1億8500万年前と報告されている．細胞が二分裂して増殖するが，時期が来れば有性生殖を行って

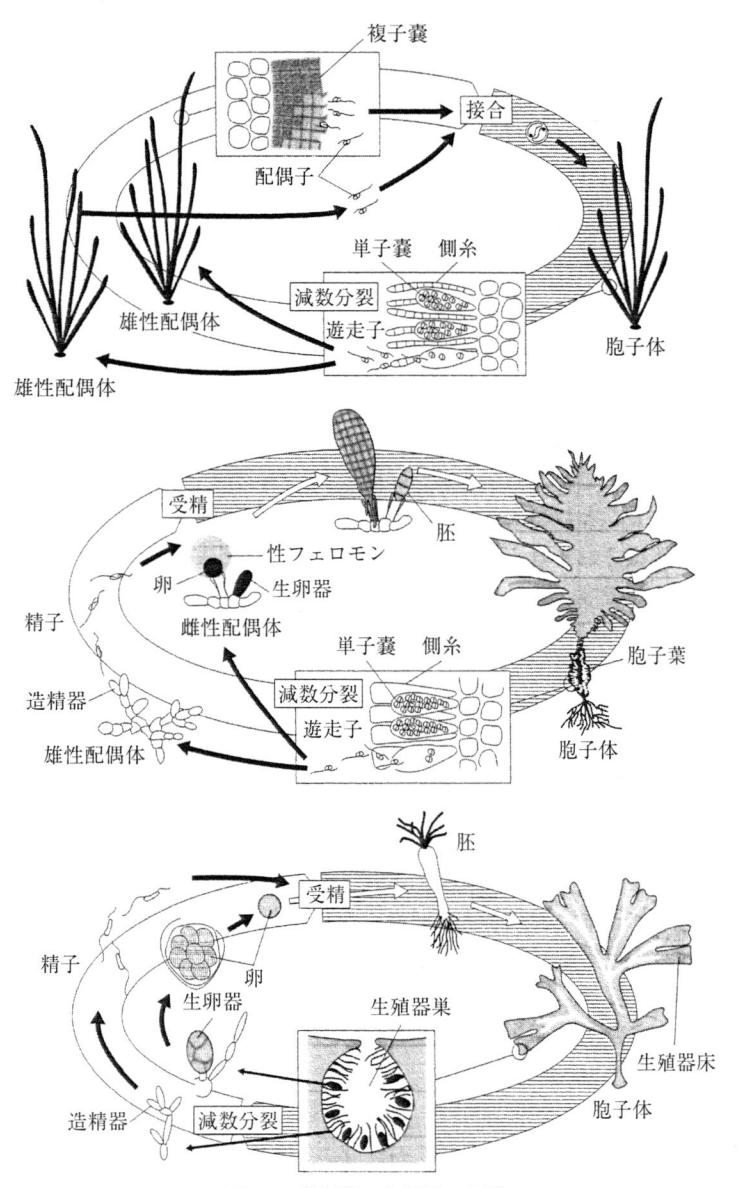

図9.2 褐藻類の生活環の3型
上：同形世代交代，中：異形世代交代，下：複相生物．

増大胞子を形成する．プランクトンとしての浮遊性の種がよく知られるが，付着性のものもめずらしくない．有孔虫類の細胞内に共生し，その間被殻を捨てる種も知られ，逆に細胞内にシアノバクテリアを共生させるツツガタケイソウ（海産），クシガタケイソウ（淡水産）などの例も知られる．ドウモイ酸という毒性物質を産出するニセササノハケイソウなどの例が知られ，これを捕食したムラサキイガイを食べた人の死亡事故の報告もある．

ストラメノパイル群の藻類としては，他に，ラフィド藻（1目1科の単細胞

遊泳性藻類で，かつて緑色鞭毛藻と呼ばれたこともあった．大量に発生して赤潮や水の華の優先種になる）と真正眼点藻類（1目十数種の単細胞の淡水藻）の2群も識別される．

アルベオラータ

分子系統と比較形態の所見をまとめてアルベオラータと総称される系統群のうち，細胞内共生で葉緑体を平行移動させた独立栄養の群としては**渦鞭毛藻類**があげられる．同じ系統に属する従属栄養生物には，原生動物の繊毛虫類と胞子虫類（アピコンプレックス類）がある．胞子虫類はマラリア病原虫などを含む寄生性の原生動物である．胞子虫類の細胞には葉緑体の退化した残滓が観察され，この仲間はかつて独立栄養だったものが，寄生性を獲得して葉緑体を退化させたという見方もされている．

渦鞭毛藻類はかつてはクリプト藻類と同じ群と考えられたこともあったが，今では系統的な位置づけがはっきりしてきた．地球上の様々なところで，淡水中にも海水中にも知られる鞭毛藻類である．鞭毛は細胞壁（細胞外被という）に刻まれる溝にそって，からだをひと巻するものと尾状に伸びるものの2本ある．増殖は二分裂が主であるが，同形配偶，異形配偶の有性生殖も知られる．

葉緑体は三重膜をもっており，クロロフィルはaとc，光合成補助色素としてペリディニンというキサントフィルがある．渦鞭毛藻類の葉緑体の起源が二次細胞共生によるものであることはほぼ確かであるが，どの藻類の葉緑体に起源するかは確認されていない．胞子虫類の葉緑体の残滓から，緑藻起源が示唆されることもあるが，確実な証拠があるわけではない．

藻類の系統と分類

藻類には二叉分岐で示される分化を遂げる自然の系統分化のほか，細胞内共生による葉緑体の平行移動による収斂現象がしばしば見られ，系統がわかれば分類体系の設定がますます難しくなるという傾向がある．葉緑体だけに注目すれば，緑色藻類の系統と紅色植物の系統が認められるが，生活を支配し，形態を生み出す核の遺伝情報を指標とすれば，原生動物や偽菌類により近縁の群も少なくない．そのことを前提に，藻類の分類体系を読み取る必要がある．

たとえば，褐藻類の葉緑体は紅藻起源であるが，細胞そのものは偽菌類と類縁があり，系統的位置づけを，単に藻類といってしまうわけにはいかないし，だからといって，独立栄養の生物であって偽菌類に近いものともいえないだろう．系統的な複雑さを認識しながら，分類体系上は仮に藻類の1群と認識するというのが妥当な扱いだろうが，自然分類に厳密に従うとすれば，藻類という

表 9.2 カバリエ・スミスの 8 界説

1.	古細菌界	メタン細菌，好熱細菌，好塩細菌など
2.	真正細菌界	グラム陰性細菌，紅色細菌，シアノバクテリアなど
3.	アーケゾア界	アーケアメーバ，微胞子虫など
4.	原生動物界	単細胞動物（原生動物），変形菌，ユーグレナ植物など
5.	植物界	陸上植物，広義の緑藻類，紅色藻類など
6.	クロミスタ界	卵菌類，黄色藻類，サカゲツボカビ類など
7.	菌界	担子菌類，子嚢菌類，接合菌類，ツボカビ類など
8.	動物界	多細胞動物（後生動物）

群を認めることは人為的な認識ということになる．

これらのことを前提に，カバリエ・スミス（1992）は生物界の自然分類を志向すれば，最低限 8 つの界を認めないと体系化できないと 8 界説を提起した（表 9.2）．

===== Tea Time =====

海の中の森林

水の中で発生した生物は，ゆっくり，しかし着実に，水の中で進化を続けてきた．そのうちの一部が，4 億余年前に陸上に進出したことは画期的な出来事だったが（第 12 講），それでも水の中に残った生物の進化は，それまでと同様に粛々と進められている．海水中でも，淡水中でも，である．

水中では，複雑な地形が環境の多様性を作り出しているが，その無機環境に応じて進化してきた生物の多様性が生物の住む環境の多様性を生み出した点も進化にとっては大切な条件である．現在でも，たとえば海水中の藻場だとかマングローブが，漁業にとって大切な場所であることは常識である．生物が多様に育て上げた環境が，多様な生物たちの住処となり，さらなる進化を促しているからである．

藻場といえば，海中の森林の主相は褐藻類である．昆布の仲間には何百 m という長さになるものもある．樹木よりはるかに背が高くなるが，これは水中をゆらゆら揺れているのだから，植物体をしっかり支える必要はない．ホンダワラやヒジキの仲間は，せいぜい何 m という高さではあるが，種数は数多くに分化している．これらの褐藻類が密に生え，プランクトンなどを大量に抱え込み，豊かな海の生物相を支えている．

陸上でも森林は生物多様性の宝庫であるが，そのことは海の中でも同じように演出されている．

第10講

緑色藻類の多様性

キーワード：緑藻類　シャジクモ類　ミドリムシ植物　プラシノ藻類

　藻類のうちで，陸上植物と一番よく似ているのが緑色藻類で，緑藻類，プラシノ藻類，シャジクモ類が知られる．

緑色植物と緑藻類

　緑色植物といえば，陸上植物と緑色藻類を合わせた群で，緑色藻類にはふつう緑藻類，プラシノ藻類，シャジクモ類が識別される．最近では，緑藻類をさらに細分し，狭義の緑藻類とアオサ類が区別される．また，シャジクモ類は，かつては大形のシャジクモの仲間だけを狭義に定義していたが，最近では，コレオケーテやホシミドロなど，シャジクモと単系統であることが確認されている緑藻を含めて広義に扱うのがふつうになっている．
　緑色植物は，基本的にはクロロフィルはaとbを大量にもって，細胞や植物体は緑色を呈し，光合成の結果貯蔵物質としてはデンプンをつくり，細胞壁はセルロース，ヘミセルロースを中核とする．生活環のうちで運動性のある単細胞体をつくる時には，細胞の頭部に，同じ長さのむち型の鞭毛を複数つける．
　緑色藻類はシアノバクテリアの細胞内（一次）共生で藻類が起源して以来，一貫して藻類の生活を発展させ，他の生物の細胞に潜り込んで二次共生をしてミドリムシ植物やクロララクニオン藻類に進化したものはあっても，主流は緑色植物として進化してきた．狭義の緑藻類とアオサ類の差は，細胞分裂のあとで細胞に隔壁がつくられる時の経過の差で指標され，この形質が系統の差を反映していると理解される．
　緑藻類は陸上植物の祖先型とみなされるが，陸上に進出するための体制の多様な分化が現生の緑藻類についても見られ，図10.1のように整理される．単細胞体から群体，糸状体，葉状体，それに三次元的な構造のもの，多核体と，さまざまである．褐藻類のコンブやホンダワラ類のように大形に進化した種はないが，多様に分化した体制のうちには，三次元的体制が陸上生活につながっ

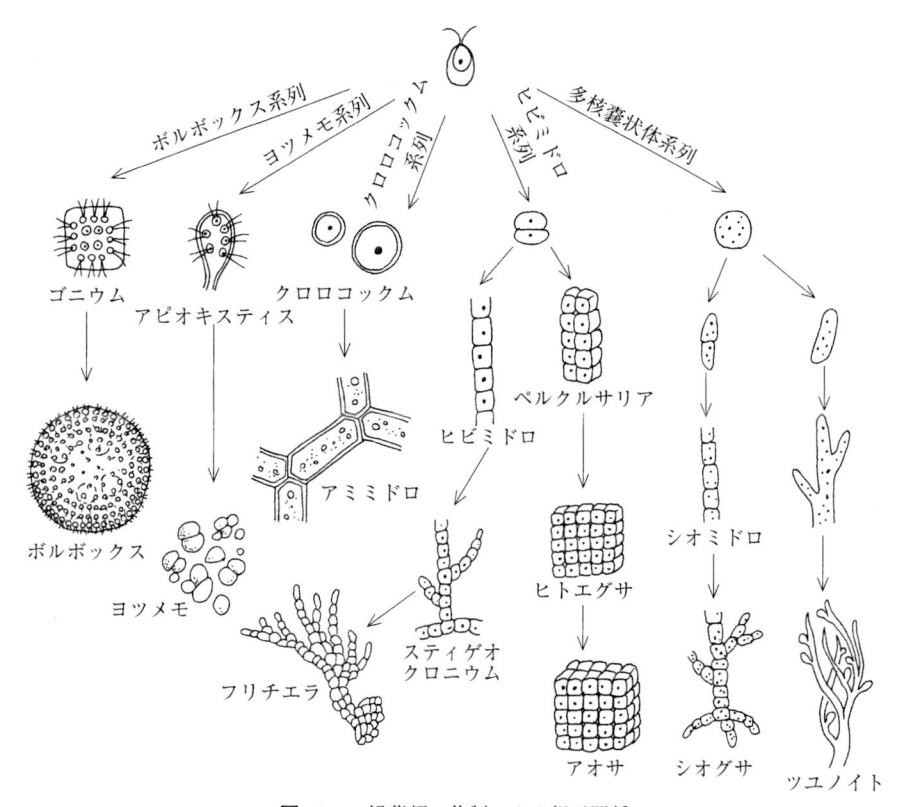

図 10.1 緑藻類の体制にみる相互関係
現生の緑藻類の体制を類型化したもので，系統進化の過程を示したものではない．

たようなもの（フリチエラやコレオケーテなど）も認められる．

　緑色藻類では生活環にも多様な型が見られる（図 10.2）．藻類にはさまざまな生活環が観察されるが，緑色藻類だけでも，単相植物，複相植物，単複相植物と，ありえるすべての型が見られ，配偶体と胞子体の関係が同型である場合，異型である場合，さらに胞子や配偶子が同型である場合，異型である場合など，さまざまである．緑藻類には生活環の基本的な3型のすべて（図 10.3）も，有性生殖の3型（図 10.4）もすべて観察される．

　緑色藻類を分類体系として整理すれば，表 10.1 のようになる．

　人の生活に直接かかわりのある緑色藻類もめずらしくない．藻類を食用に利用する日本人にとっては，アオノリ，アオサなどは不可欠の植物である．商品にはヒトエグサなどが代用に使われることも少なくないそうである．もっとも，藻類を食するといっても，主食にするというのではなく，あくまで脇役ではある．

　プラシノ藻類は単細胞性の藻類で，小さな群ではあるが，淡水にも海水にも生活する．最古の化石の報告は14億年前のものとされ，緑色藻類のうちでも

第10講 緑色藻類の多様性

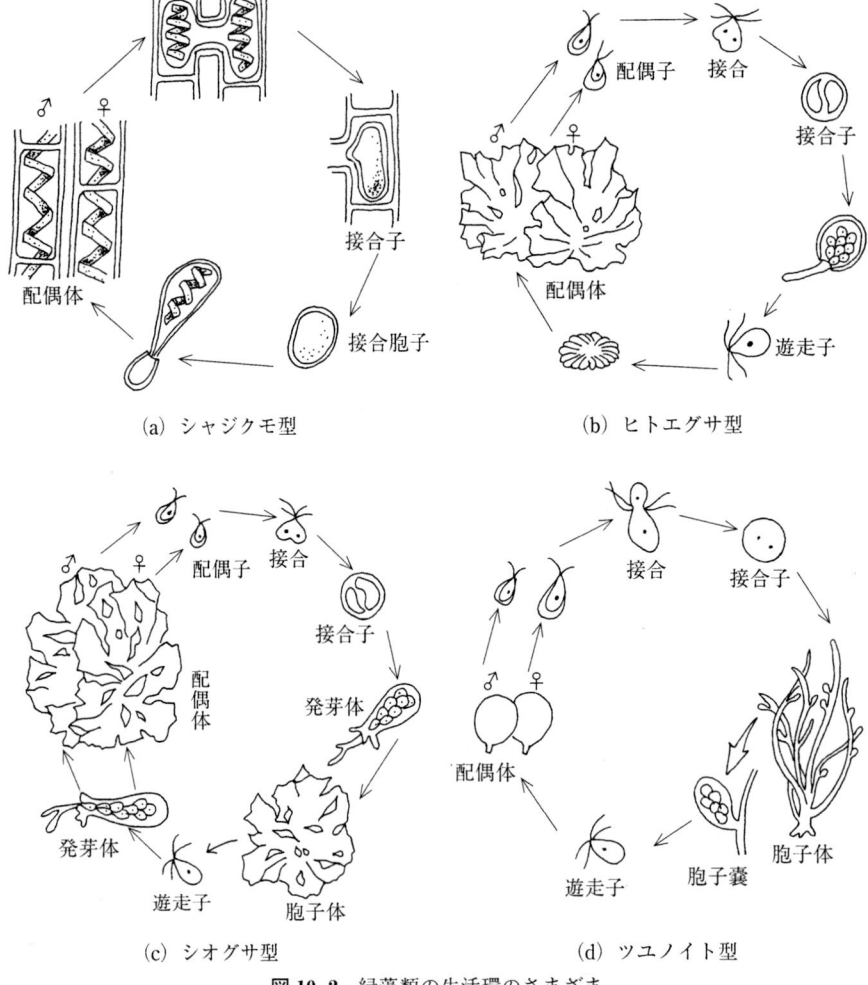

(a) シャジクモ型

(b) ヒトエグサ型

(c) シオグサ型

(d) ツユノイト型

図 10.2 緑藻類の生活環のさまざま

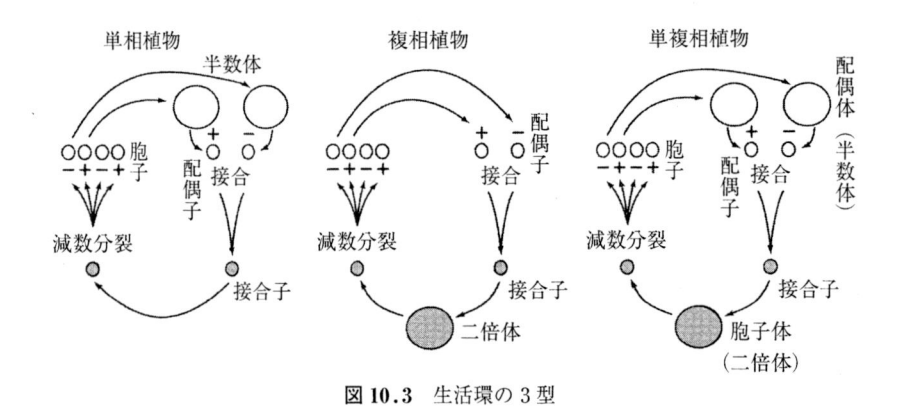

単相植物　　　　複相植物　　　　単複相植物

図 10.3 生活環の3型

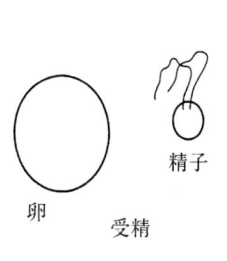

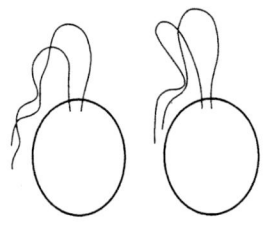

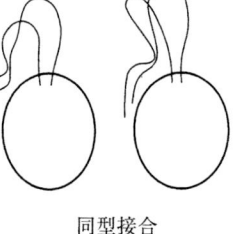

図 10.4 有性生殖の 3 型

表 10.1 緑色藻類の分類

ミドリムシ植物	ミドリムシ（ユーグレナ），ヘテロネマなど，約 800 種
広義の緑藻類	
プラシノ藻類	マミエラ，プラミモナスなど，約 100 種
緑藻類（狭義）	クラミドモナス，アミミドロなど，約 2500 種
アオサ類	ヒトエグサ，アオサ，ミル，カサノリなど，1000 種以上
シャジクモ類	コレオケーテ，シャジクモ，フラスコモなど，1 万種以上

古い系統と信じられている．細胞や鞭毛の形態などは多様，生殖は多くが二分裂のみ，と現生の種の特徴も原始性を示すものが多い．

シャジクモ類

かつてはシャジクモなど比較的大形の藻だけの群と理解されていたが，最近の研究を踏まえて，狭義の緑藻類に含まれていた種を加えて，より広義に定義するようになっている．シャジクモのように，栄養体に体節構造と節に輪生する枝との体制が特殊化しているものと，糸状体，板状体のもの，さらに顕微鏡的な単細胞体のものも含まれる．細胞壁は陸上植物と同じセルロース性，狭義のシャジクモ類では葉緑体は細胞内に多数認められ，ピレノイドを欠くなど，これも陸上植物と共通の性質をもっている．シャジクモなどでは，大形の細胞内で活発な原形質流動を行っているのが容易に観察できる．

遊走子形成や藻体の断片化など，無性生殖も知られ，有性生殖が観察されていない種も少なくない．狭義のシャジクモ類では，造卵器，造精器は基本的には単細胞から出発し，その細胞の細胞壁のうちに卵細胞，精子を生産するが，生殖器官（単細胞の造卵器，造精器）の外側を，5 枚の栄養細胞がぐるぐる巻きに包み込んでおり，生殖機能をもたない細胞の壁で保護されるシダやコケなどの生殖器官（頸卵器）のような見せかけをとる．

細胞分裂の様式，鞭毛装置，それに生化学的特徴などを比較すると，ここで定義するシャジクモ類は陸上植物と酷似しており，広義にまとめたこの群のう

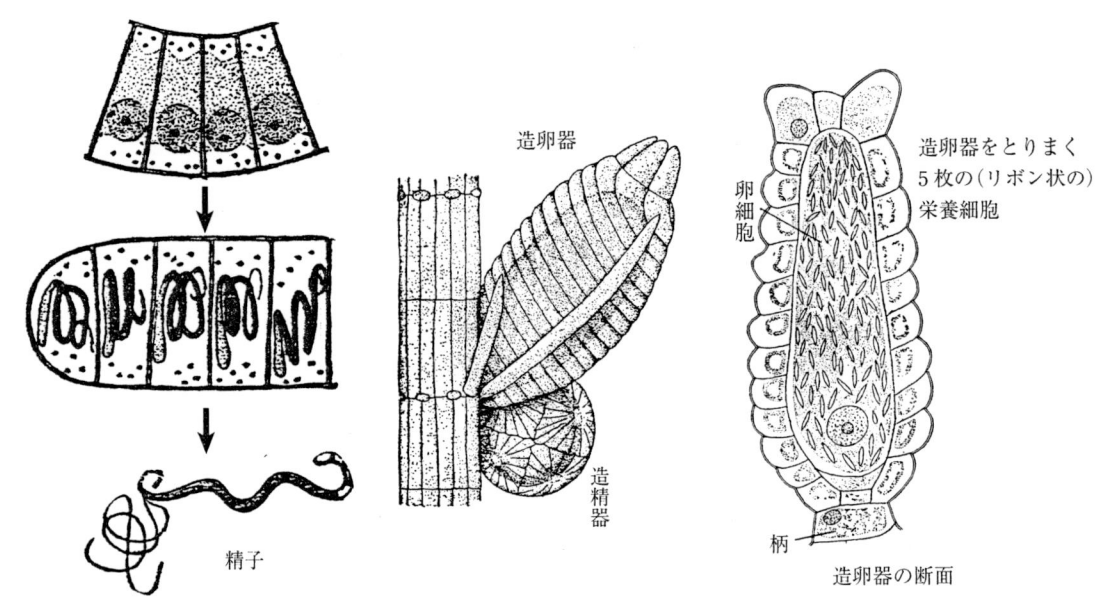

図 10.5 シャジクモの配偶子嚢 (G. M. Smith : Cryptogamic Botany I, McGrow-Hill, 1955, fig 68, 69)

ちから陸上植物が分化したことはほぼ間違いないといえる．

ミドリムシ植物（ユーグレナ植物）

　単細胞性の藻類で，海水にも淡水にも知られる．細胞壁はなく，特有の鞭毛（ふつう2本であるが，1本が退化して短くなっているものもある）を使って遊泳する．有性生殖が観察されているのは限られた種だけで，ふつう二分裂で増殖する．

　葉緑体は三重膜をもち，アオサ類かプラシノ藻類などが細胞内共生して起源したものと推定される．葉緑体をもたず，他から有機物を摂食して従属栄養の生活をするものに，アスタシア，ペラネマなどがある．緑色植物を共生させなかったものか，いったん共生させたものを退化させたのか，系統的な由来は確認されているわけではない．

　動物分類表では原生動物鞭毛虫類に分類され，キネトプラスト類と近縁であることが，伝統的にも推定されていたが，分子系統解析でも両者が近縁であることが示される．キネトプラスト類は寄生性で，眠り病をひき起こすトリパノゾーマのように危険な病原生物も含まれる．共通の祖先から，葉緑体を取り込み，補食装置を退化させたのがミドリムシ類だと推定される．

Tea Time

陸上に生きる藻類

　藻類は水の中で起源し，水の中で進化してきた．陸上へ進出した植物は藻類とは別の段階への進化を遂げた．だから，現生の藻類とは水の中に取り残された生物と考えるのがふつうである．

　しかし，藻類にも，陸上生活をするものがある．もっともわかりやすい例は地衣類のからだでゴニディアを構成する藻類である．地衣類には水中で生活する種はないので，これは完全に陸上適応型である．逆に，ゴニディアを構成する藻類は，菌糸に包まれて，藻類としては厳しい陸上生活を可能にしているともいえる．こういう共生藻も陸上に生きる藻類の生き方の例である．

　第3講のTea Timeで紹介したノストックは，じめじめしたところではあるが，地上生である．生えている基質が乾けばちりちり巻き上がることもあるが，しばらくして雨がやってくると，再び生き生きとしてきて，生き返ったように見える．もっとも，シアノバクテリアは真核生物の藻類とは別だという意見はあるかもしれない．同じようにシアノバクテリアのアナベナはソテツの組織内に共生して土中で生活する．

　樹幹や空中に露出する岩上に生じる藻類を気生藻と呼ぶ．樹幹を黄緑色から赤褐色に染めあげるトレンテポーリアは緑藻類の1種で，糸状体をつくる細胞にはカロチノイドを大量に含み，緑とは異なった色を呈する．着生ではあるが，陸上生活に適応している．

　雪や氷には単細胞性のクラミドモナスやクロロモナスが生じるが，これらは氷雪藻と呼ばれる．土壌中に生じる藻類もあり，土壌藻という．

第11講

陸上植物の起源

キーワード：4億年　　オゾン層　　水収支　　植物体の支持

　生物が地球上で創成されて以来，30億年以上もの間すべての生物は水の中で暮らしていた．30数億年におよぶ生物進化の歴史のうち，陸上で活躍する生き物を見るのは，ごく最近の4億年余りの間のみのことである．生物が経験してきた地球上での歴史のうち，9割近くの期間の進化の上のできごとはすべて水の中で演出されたものだった．そして，一部の生物が陸上へ進出し，陸上で多様な生活を展開し始めてからも，水の中での生物の暮らしはますます多様に繰り広げられている．現在もまだ水中の生物についてはよくわからないことが多いのだが，本書ではここからは陸上で生活する生物に話題を移したい．まず，水中から陸上への生物相の進化はどのように展開したかを追ってみよう．
　陸上植物と総称される生物群とは，コケ植物，シダ植物，種子植物のことである．この生物群が単系統のものかどうかはまだ確かめられていないが，陸上植物の祖先型が緑色藻類であることはほぼ確実にわかっている．系統群という視点では，だから，陸上植物は緑色藻類と合わせてひとつの群を構成すると理解されるべきである．

4億年前の地球表層

　30数億年前に地球上に出現した生物は，エネルギー固定の方法として，酸素発生型光合成を主軸として進化してきたので，地球表層には，光合成の結果排出される分子状の酸素が徐々に蓄積されてきた（図11.1）．4億年前には，地球表層の分子状酸素は現在（空気中で約20％）の1/10位の量に達したと推定される．それだけの分子状酸素が地球表層に存在すると，成層圏にオゾン層が形成される．4億年少し前には，生物の活動の結果として，地球はオゾン層にすっぽり包み込まれるようになっていたのである．生物の活動が地球表層の環境条件を改変したこの事実は，その後の生物の進化にとってたいへん重要な意味をもっていた．生物は自分の生活活動の結果として，自分たちが進化を演

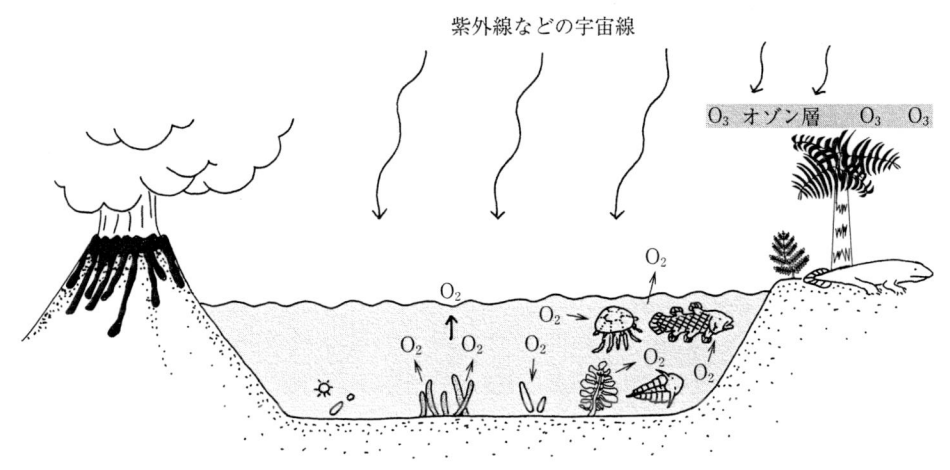

図 11.1 地球表層の変遷：左から右へ時代による環境の変化と生物の進化を示す

出する舞台を拡大してきたのである．

　30数億年前に地球上に出現した生物は，それ以後長い間，自分たちが誕生した場所であった水中で生活し，進化してきた．生きている状態を世代を超えて伝達する分子であるDNAは紫外線などの影響で容易に傷つき，突然変異を頻発するので，むき出しの状態で，紫外線などが飛び交っていた当時の陸上は，生き物にとって生命を維持するのが難しいところだった．水中から外へ飛び出そうとした生物があったかもしれないが，地球表層にオゾン層が形成されるより前に空気中へ飛び出そうとした生き物は，宇宙から大量に飛来する紫外線などで，遺伝子であるDNAなどが障害を受け，大気中での生活を維持することが不可能だったと推定される．だから，水に護られて，紫外線などの直接の影響を免れる状況で，何億年もの間生物は水中で暮らしてきたのである．

　4億年少し前になって地球表層がオゾン層に包まれるようになると，オゾン層に遮られて，紫外線などが宇宙から地球表層に直接飛来することがなくなった．地球表層が，結果として生物が作り出したオゾン層によって保護されるかたちを整えたのである．その結果，陸上は生物の生活が可能な場所になったが，これは生物自身のはたらきによって作り上げた新しい生活環境だった．

　酸素発生型光合成をする植物では，太陽エネルギーが豊富に得られると光合成の効率は高くなる．水中に届く太陽光は，水の屈折によって多かれ少なかれ力を弱めている．紫外線などから生命を護ってくれていた水は，太陽エネルギーの生命体への到着を一部阻害してもいた．水中と違って，空中だと，生物は太陽エネルギーをそのまま受け取ることになり，豊かなエネルギーを有効に活用することができる．だから，とりわけ酸素発生型光合成をする植物にとっては，陸上は魅力のある生活場所である．

もっとも，水中と違って，現在の砂漠のようなむき出しの陸上では，水の獲得が難しいし，蒸散によってからだの中の水が失われることも危ない条件である．水中だと，水の比重に依存してゆらゆら生きていた植物が，陸上へ進出すれば，からだを支持する方法だって確立しなければならない．これまで長い間水の中で生活していた植物にとって，いかに光合成の効率が高められるからといって，陸上へ進出するのは容易なことではない．しかし，これらの疎外要件が克服されたために，4億年少し前に植物の陸上への進出は実行された．もっとも，そのためには体制，機能ともに劇的な進化を遂げる必要があった．植物が経験した変化とは何だったのだろうか．

4億年前に水の中にいた植物たち

水の中で生活をしていた植物たちといえば藻類であるが，藻類のうちのあるものは4億年前くらいになると，ずいぶん複雑な体制をもつようになっていた．褐藻類のうちには，現生のホンダワラのように葉や茎のように見える構造をもっていたものも生きていたようであるし，直径1mに近い茎様の化石も記録されている．それだけの体制の複雑化に対応できるだけの構造をもつようになっていたが，もちろん，複雑な体制を進化させていた藻類がそのまま陸上へ進出し，現在の維管束植物のような生活を始めたとは考えられない．条件が整ったところで，陸上へ進出した植物は，緑色藻類のある系統のものだったと推定されている．

陸上へ進出した植物の祖先がなぜ緑色藻類だったのか，他の藻類は陸上へ進出する能力をもっていなかったのか，それを証明するような根拠はない．進化の歴史をあとづけると，緑色藻類だけが陸上へ進出したという事実が知られるだけである．そのことは，陸上植物と緑色藻類が，細胞の構造やはたらき，光合成の過程，生殖行動など，生命活動にとって基礎的な多くの面で共通の特徴を備えており，他の藻類とはそれぞれに異なっていることから帰納される．たとえば，クロロフィルは何種類か知られているが，aとbの二つの型をもっていて，光合成の結果貯蔵物質としてデンプンをつくるとか，細胞壁はセルロース，ヘミセルロースを主体とするとか，生殖細胞など，動く細胞は運動方向の前方に集まってすべてむち型の鞭毛をもつとか，たちどころに緑色藻類と陸上植物の共通性が列挙されるのである．もちろん，陸上植物の緑色藻類起源説は分子系統解析でも確認されていることである．

それでは，なぜ緑色藻類だけが陸上へ進出できたのか，陸上植物と現生の緑色藻類を対比させながら推論してみよう．そうすると，はっきりすることは，体制の多様性を見る限り，藻類のうちでは緑色藻類の体制がもっとも多様であ

ることに気づく（図10.1）．現生の緑色藻類で見ても，単細胞体から三次元的構造の萌芽を示すような体制のものまで，考えられるあらゆる体制のものが現に生きているのである．他の藻類のうち，これだけ多様な体制を構成要素のうちに含んでいる群はない．そのような体制から，さらに別の体制の生物を，なんらかのかたちで発展させる方向の進化を遂げるためにはもっともふさわしい母型群であるといえる．

クロロフィルaを大量にもっており，太陽エネルギーを有効に受け取ることによって光合成の効率を高めることができるのも，緑色藻類が陸上生活をするのによりふさわしいことかもしれないが，この点は他の藻類だったら具合が悪いということでもなかったと思われる．他の藻類でなくて，緑色藻類が陸上へ進出したのは，進化の多くがそうであるように，緑色藻類でなければならなかったということではなくて，この場合も，結果から見ると，そうなるためにふさわしい条件が揃っており，その上で偶然の組合せがもたらした進化の歴史だったといえるのだろう．

いずれにしても，4億年あまり前に，水の中で生活していた藻類の体制から，陸上で生活する茎葉植物への体制の進化が進行し，植物の陸上での生活が始まったのである．

水の中の生活と陸上の生活

植物が陸上で生活するために，獲得しなければならなかった大切な条件は，水の不足への対応と，空中でのからだの支持機構の確立であった．維管束植物では，これらの条件克服が見事に成立しているが，コケ植物の場合も，陸上生活に適した形質が見られる．しかし，生物が全く見られなかった陸上に，最初に進出したのがコケ植物だったか，維管束植物だったかは，未だに確実にはわかっていない．しかし，イメージすべき原始陸上植物の世界は，陸地一面にコケ植物が生え茂っていたとか，何もないところに忽然と維管束植物が出現したというようなものではなかった．たぶん水際，それも最近では陸上に刻まれた河川（か湖沼）のほとりの湿地だったと推定されることが多いが，そのようなごく限られた場所に，コケ植物ともシダ植物ともいえない原始陸上植物（第14講で述べるアグラオフィトンなど）が現れてきたというのが考えやすい状景である．

そこで，水中の生活から，湿地で下半分は水の中だったとしても，上半分を空中に突出させた原始陸上植物は，水の中で暮らしていた藻類段階の生活と比べて，どのような変化を刻んでいたかを考えてみたい．上に記したように，水の供給と体内での調節，空中でのからだの支持という2点に問題をしぼってみ

よう．

水の収支　水の獲得については，給水のための装置として，原始陸上植物，初期の維管束植物，コケ植物のいずれにも仮根が見られる．これは維管束植物が進化してくると，根という器官の新生をもたらすが，根が進化するまでには植物が陸上へ進出してから相当の期間を必要とする．地中の水分を仮根を通して吸収するというのが，初期の陸上植物の水の獲得方法だった．

獲得された水の体内での移動はもっぱら細胞間の移動を通じてだった．それが，維管束植物になると，維管束をつくり，導管と篩管と呼ぶ通道細胞が体内の水や物質の通道の役割を果たす．しかし，この場合も，原始陸上植物やコケ植物では，細胞間の水分，物質の移動のほかに，単純な通道細胞による移動が行われていた程度だった．

体内の水分の過度の蒸散を防ぐために，細胞壁にクチクラ層を発達させ，表面の細胞から体外へ水が蒸散しないような性質が確立した．発掘された化石が陸上植物であったことを確認するためには，からだの表面に並ぶ細胞にクチクラ層が発達していたかどうかを確かめるのがわかりやすい方法のひとつである．

一方，過度の蒸散を防ぐことが，体内に過剰な水分を貯える結果をもたらすことがある．現生の維管束植物では，過剰な水分を排出するために，表皮細胞の特定の場所（主として葉裏，茎の表面など）に気孔という特別な装置を発達させているが，コケ植物にも気口という排出口をもつものがあり，原始陸上植物の簡単な気孔の構造と比べると，このような構造は陸上へ進出した植物のごく初期にすでに見られるようになっていたもののようである．

大気中におけるからだの支持　水中で水の動きに身を任せてただよっていた植物が陸上へ進出すると，自分ですっくと立ち上がることが求められる．もちろん，直立しなくても，地面にべったり張り付いてでも生きることはできるが，せっかく豊かな太陽光を求めて陸上へ進出したのなら，エネルギー源である太陽光をできるだけ効率よく受け止められるように，直立したり，太陽光に向けて平面化したりする方が適応的である．そこで，空気中にすっくと立ち上がるための構造が必要だった．この件も，維管束植物が進化してくると，維管束が支持組織となり，また材など，細胞壁にリグニンを蓄積して，煉瓦を積み上げたような強力な構造を発達させることにも成功した．原始陸上植物の，維管束の前段階のような細胞の蓄積も，大気中におけるからだの支持には適応的な構造だった．コケ植物の場合も，細胞にリグニンを貯えて支持機能の強化を図っているが，これが原始コケ植物にも見られたことだったかどうか，確実なことはわかっていない．

━━━━━━━━━━━━━━━━━━━━━━ Tea Time ━━━━━━━━━━━━━━━━━━━━━━

シダとコケ

　シダとコケは陸上植物のうちでも種子植物と比べると原始的であると一括して扱われるが，いろいろな点で対照的でもある．

　シダは胞子体が優先する生活環をもち，胞子体は維管束植物である．それに対して，コケは配偶体が生活環の主相を占め，胞子体は配偶体に寄生して生涯を過ごす．シダからは種子植物が進化してきて，地球表層を緑で覆う役割を果たしている．しかし，コケは林床を覆ったり，雲霧林では樹幹を厚く取り巻いたりするが，自分自身が植生の優先種となるような要素は生み出してこなかった．

　シダもコケも，造卵器は多細胞の壁に包まれた頸卵器となる．しかし，これはシダとコケだけに共通というのではなくて，もともと陸上植物に特有の構造だったものが，種子植物では頸卵器が特殊な構造に単純化してしまったために，今ではシダとコケだけに見られるのだともいえる．

　研究用の標本をつくる際，シダは維管束植物一般の張り付けの標本にするのに対して，コケは乾燥して袋に包み込む．この標本の作り方の違いは研究上決定的な差になることがあり，シダは種子植物と一緒にリストにされるが，コケは陸上植物でありながら，別扱いされることが多い．

第12講

陸上生物相の進化

キーワード：陸上植物　両生類と陸上生活　大気中での生活

　陸上での生物相の形成は，植物の陸上への進出から始まった．それまで水の中だけで暮らしていた植物が陸上で生活を始めるとはどういうことだったかを考えてみよう．

植物の陸上への進出

　前講に述べたような植物体の構造と機能の成立が，植物の陸上への進出を可能にした．それがオゾン層が地球を包み込んでからまもなくの，4億余年前のことだった．化石の記録によると，最初の陸上植物のひとつはアグラオフィトン（図12.1）と名づけられた植物で，維管束はもっておらず，シダともコケとも決められない構造の植物だった．ただし，この原始陸上植物が維管束植物の祖先型であったことは十分考えられることであるが，この植物から分化してコケ植物も進化してきたかどうかはまだ研究を要する課題である．維管束をもっていた初期の植物にはクックソニア（図12.1）やリニア（図14.1a, b）がある．
　初期の陸上植物がどのような生活をしていたか，さまざまな推定がなされている．ゾステロフィルム（図15.1a）は，下半分が水中で，葉の先端と胞子嚢をつける茎が大気中に直立に伸び出していたと推定されている．一方，アグラオフィトンやクックソニアなどは陸上の渓流沿いに生育していたようであるが，これはもう完全に陸上生で，湿っていたかもしれないが，地中に根茎（根はまだ分化していなかった）を這わせ，地上に直立する茎（葉もまだ分化していなかった．だから，植物体全体が茎，地上の直立茎と根茎，でできていたという言い方も，現生の維管束植物の形態との対比でいうのなら，正確な表現ではない）を伸ばしていた．せいぜい高さが数cmの大きさではあったが，陸上の植物の生活が始まったのである．
　小さくて水際に生えていたといっても，最初に陸上に進出した植物は，木陰などがあるはずもなく，広々とした場所にむき出しで生きていたのである．降

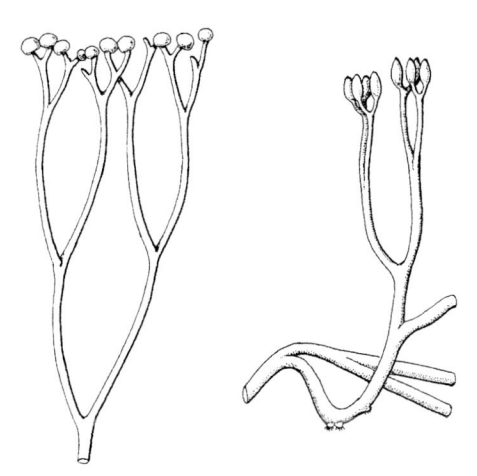

図 12.1 原始陸上植物：クックソニア（左）と
アグラオフィトン（右）

り注ぐ太陽光はふんだんに受け止めていた．だから，陸上にわずかに生活の場を占めるようになった植物が，光合成の効率のよい陸上を生きる場所として徐々に埋めつくすのに時間はかからなかった．いったん陸上に定着した植物が，陸上植物相と呼ばれるほどの展開をするのは何千万年というほどの期間を要することではなかったのである．

陸上の動物

　陸上に植物相が発達するようになると，やがて独立栄養ではない菌類や動物も陸上に生活の場を展開する．菌類と動物の場合，陸上生活が好適であるという理由は同じではなかった．

　動物にとって，水中よりも行動に抵抗の少ない空中は活動のためには好適である．陸上に植物が生活していない頃にも，水中から空中に瞬時的に飛び出して空中を飛翔していた動物はいたらしい．水辺の陸地にひと休みする行動も，4億年よりはるか前にできていたようである．しかし，陸上に長時間滞在するためには，被覆するもののないむき出しの世界は生活にとって快適とはいえないし，当然，紫外線などに対する抵抗力のなさでは植物と同じ不便をかこっていた．おまけに，長期滞在をするとすれば，食料の確保が必要で，食物連鎖の最下層が保障されるまでは生活する場として安定しているとはいえない．だから，動物が生活の場を陸上に開拓し，定着するためには，植物が環境整備をしてくれることが必要だったし，条件が整ったところで，鰓から肺への呼吸器官の進化など，動物自体の進化もかたちを整えてきたのだった．

　植物が，陸上生活をするようになってはじめて維管束植物を進化させたのに

比べると，脊椎動物はすでに水中で多様化を遂げていた．しかし，水中の脊椎動物といえば，からだが流線形で自在に泳ぎ回る魚類だった．（哺乳動物で二次的に水中に適応したイルカやクジラだって，水中で生活するためには，魚類のように流線形のからだのつくりをもつ．）魚類は今も旺盛に水中で生活しているように，水中での生活に適応的で，それ自体何の不自由もなく生活を続けている．それに比べて，4億年以上昔の陸上は，強烈な太陽光だけでなく，紫外線なども降り注ぎ，しかも，餌になるものは何もない．動物が生活できる場所ではなかった．

ところが，植物が陸上へ進出してくると事情は違ってくる．植物の場合と同じように，オゾン層に包まれた地球表層は，紫外線など生物にとって具合の悪い宇宙からの届けものからは保護されるようになった．しかも，植物が生い茂ることによって，太陽光線を遮る蔭がつくられたし，エネルギー源となる有機物が保障されるようになった．このような条件に恵まれると，植物の陸上への進出に合わせて，動物が陸上生活に適応する進化を遂げるのに時間はかからなかった．

植物は大気中でからだを支持するという問題に直面したが，動物にとっては，水の抵抗のない陸上では行動を円滑に進めることができる．水中とは違った新しい行動形態が整えられる場に，餌となる有機物が準備され，さらに木陰など，多様な生活場所も整えられてきたというのである．そういう場に適応的に生活する動物の進化する余地は十分にあったといえ，実際，動物の陸上への進出は徐々に確実に進められ，水中とは違った高度な動物の生活が発展することになったことは歴史の示すとおりである．

4億年以上昔にも，大気中に飛翔することのできる動物（昆虫など）は進化していたのかもしれない．しかし，彼らの生活の本拠はあくまで水中だった．行動範囲を大気圏に広げたというにすぎない．だから，陸上を訪れることがあったとしても，それは一時的な訪問に留まっていた．しかし，オゾン層に護られ，植物にエネルギー源などを保障されるようになると，動物も本格的に生活の本拠を陸上に移す進化を遂げたのである．昆虫などの陸上への進出と，両生類などの進化と，4億年ほど前には動物界にも大きな進化のイベントが相次いで現れていた．

菌類の陸上への進出

固着生活をする菌類の場合は，瞬時的に空中へ飛び出す生活の様式は考えられないから，オゾン層で紫外線などの直接の影響が薄められる環境の整備とともに，陸上に植物や，やがて動物が進出し，菌類が有機物の分解者としての生

活を確立できるだけの条件が整ったところで，陸上への進出を果たしたものと推定される．しかし，一方では，陸上へ進出した植物や動物が，体細胞の固まりを死骸として残し，動物が排泄物を蓄積するとすれば，それらはすぐに分解される必要がある．植物や動物の陸上への進出に合わせて，菌類が陸上へ進出しただろうことは，必要不可欠の進化だったと推定され，生物の陸上への進出は，個別の種の陸上への進出ではなくて，生物相としての陸上への進出という姿で演出されたものだったに違いない．実際，陸上植物が進化したごく初期の頃に，すでに菌類が陸上で生活していたことを示す化石も見つかっている．

　菌類の陸上への進出にも，エネルギー源となる植物や動物の陸上への進出が先行していることが条件だった．オゾン層による紫外線などからの保護が前提条件だったことは植物や動物の場合と変わらないが，従属栄養で，しかも定着性の生活をする菌類にとっては，有機物が蓄積されない場所は生活の場とはなりえない．植物が陸上に定着して繁茂し，光合成によって陸上に有機物を蓄積してくれることがなければ，菌類の陸上での生活は成り立たないのである．生きていようと，死体であろうと，植物や動物が陸上生活を始めるようになると，分解者である菌類がはたらく場所が陸上に確保され，その場所への進出も引き続いてくる．事実，菌類の陸上への進出が陸上植物の進化とほとんど時を同じくしていたことが化石の証拠などから徐々に明らかにされ始めている．

　確かに，生産者である植物だけが陸上へ進出したとすると，陸上にはまもなく枯死した植物の山が築かれたことだろうが，同時（か，相前後して）動物や菌類も陸上へ進出し，動物が植物を餌とし，菌類が分解者としての役割を果たして有機物の分解を推進してくれると，陸上における物質循環は見事に完成する．植物の陸上への進出は，植物の体制が進化すれば成し遂げられるというものではなく，4億年前にはすでに生産者，消費者，分解者の役割分担がはっきりしていた植物，動物，菌類が，相互の役割を正当に分担しながら，新しい陸上生物相という系を形成するかたちをつくるということで，はじめて確実に進行したものだったのである．

　菌類が動物や植物（藻類）と並行して分化，多様化してきたのだったら，菌類の起源が水中だったことになるが，いつ頃菌類が出現したかはまだ確認されていない．上の推論も，菌類は最初水中で出現し，植物の陸上への進出のあとを追って陸上へあがってきたというものであるが，そのためには陸上生物相が出現する以前に，水中ですでに動物，植物，菌類が生産者，消費者，分解者の役割分担をしていた生物相が成り立っていたということが前提になり，陸上へはその生態系そのものが拡大して進出してきたものと理解することになる．このことは，しかし，菌類の起源と分化をあとづけることによってもっと確実に

証拠立てられる必要がある．

═══════════════════ Tea Time ═══════════════════

菌類の化石

　コケや藻類が化石になり難いように，菌類も化石になる割合は低いようで，化石に基づいた研究によって菌類の進化の過程をわからせるのは難しい．

　菌類の最古の化石は9億年前にさかのぼるとされ，だから菌類の起源は動物や植物より古いといわれることもあるが，これは万人を納得させる結論ではない．確かに菌類と納得される最古の化石はオルドビス紀（4億500万～5億年前）のもので，シルル紀（4億年前）にはすでに初期の維管束植物についている菌類があったと記録される．

　真菌類の三つの群が勢ぞろいするのは石炭紀になってからであるが，これは化石の記録の限界に制限される結論で，実際はもっと昔に系統群の分化が行われていたのではないかと推定する考えもある．

══

# 第13講

コケ植物の世界

キーワード：配偶体　　葉状体　　セン類とタイ類

　維管束植物の起源の話題との関連で詳しく触れるように，コケ植物とシダ植物の起源については，古くから関心をもたれていた問題ではあるが，まだ解明されてはいない．かつては，より単純な体制のコケ植物がまず出現し，それから前進的にシダ植物が進化してきたと信じられたこともあったし，まず維管束植物が進化し，コケ植物はそれから退行的に進化してきたと述べられたこともあった．ここでは，根拠がはっきりしていたわけではない過去の諸説を紹介することは避け，現在の知見から，コケ植物の起源と系統がどこまで確かめられているかを見ることにしたい．

コケ植物と呼ばれる植物群

　コケ植物といえば，湿っぽい庭の地面を埋めつくし，木の幹に取りつく小さな緑の固まりを思い浮かべる人が多いだろう．苔寺のある京都は盆地特有の湿っぽい空気の土地である．しかし，乾燥したところにコケがないといえば，これも正確ではない．コケ植物と呼ばれる植物群はいったいどう定義されるものなのだろうか．

　4億年より少し前に陸上に進出してきた植物で，現在繁栄している植物のうち優勢な群は，維管束という組織を発達させているいわゆる維管束植物である．これらの植物群はシダ植物と種子植物とからなるが，一括して維管束植物と呼ぶこともある．その内容については，以下の14〜25講で詳しく紹介する．

　陸上に進出した植物のうちに，維管束を発達させなかった植物たちがいる（図13.1）．種数を尋ねれば，現生の種で約2万と，結構な数に達するくらい多様化はしているが，特別に大形になるものはない．（大形のセン類であるドーソニアで，せいぜい50 cmくらいである．）これらの植物は，知られる限り，生活環（図13.2）を追っていくと，配偶体が生活史の主相を演じ，胞子体は配

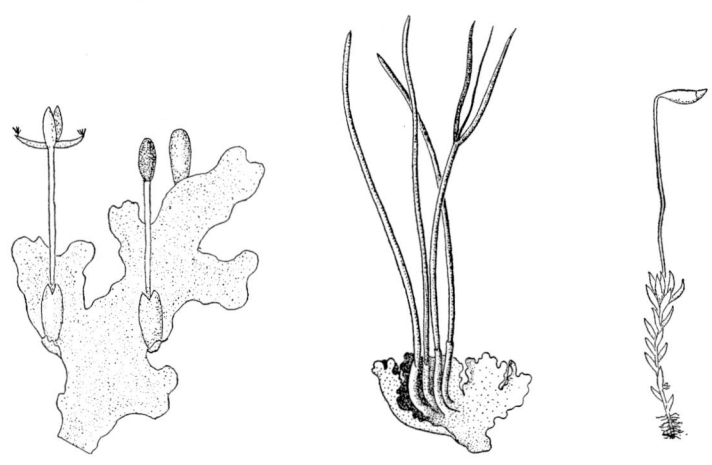

図 13.1 コケの体制
左：タイ類（スジゴケ属），中：ツノゴケ類，右：セン類（チョウチンゴケ属）（Cryptogamic Botany II, fig 36, 54, 66A）

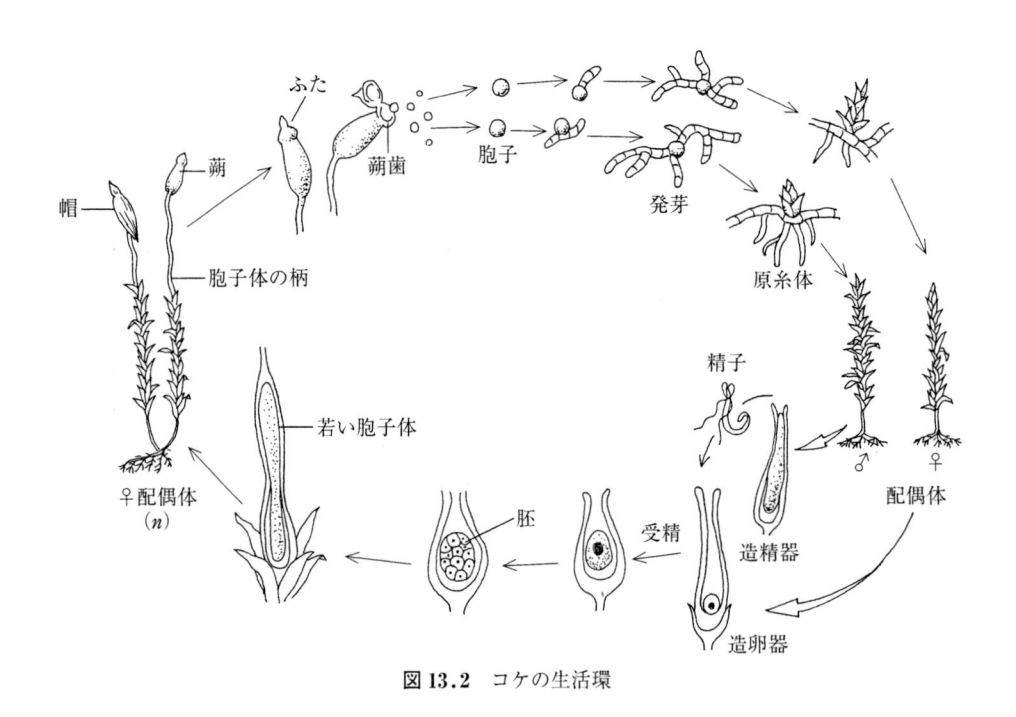

図 13.2 コケの生活環

偶体に寄生して生活する．維管束植物では，成熟した胞子体は配偶体と独立に生活し，胞子体の大きさが，配偶体に比してはるかに大きい（シダ植物）か，配偶体が胞子体の体内で成体となり，完全に寄生したかたちで生涯を終える（種子植物）かで，維管束をもたない植物の生活環と見かけがはなはだしく異なっている．また，維管束をもたない植物では維管束だけでなく，表皮組織も

分化しておらず，植物体全体が柔組織とよく似た細胞でつくられており，また，根，茎，葉などへの器官の分化は見られない．そこで，「生活環では配偶体が主相となり，胞子体は配偶体に寄生する生活をし，植物体には根，茎，葉などの器官の分化も，表皮，維管束などの組織の分化も認められない一群の陸上植物」をコケ植物と定義する．

このように整理すると，現生のコケ植物は，維管束植物と区別して，きっちり定義できるのだが，コケ植物が起源した古生代の植物に目を注ぐと，必ずしもこの定義で区別できない例が見つかる．当然のことである，藻類からコケ植物へ，あるいはシダ植物へと陸上での進化を始めた頃の植物を，4億年後の現生の植物と一緒に，一言で定義すること自体が無理な話なのである．そのことを前提にしながら，わずかな情報を手がかりに，上のように定義される現生のコケ植物はどのような進化の結果，今の分類群にまとまるかたちに進化してきたものなのかを追ってみよう．

コケの化石

コケ植物は，配偶体が生活史の主相であるが，配偶体は細胞層1層とか，軟らかい構造のものが多く，維管束のあるシダ植物の胞子体と比べると，化石には残りにくい．コケ植物の胞子体は，現生種ではすべて単生であり，これも容易に化石に残る構造ではない．それでも，古生代からも，コケ植物と同定される化石の記録がいくつかある．ただし，上に述べたように，化石でコケ植物と断定できるほど形質をよく残しているものは多くないので，以前はコケの化石といわれていて，実際はそうでなかったと訂正されたものも決して少なくはない．かつて，デボン紀以前のコケ植物の化石といわれるものの報告がいくつかあったが，今ではいずれもコケ植物だったという同定に疑問がもたれている．

スポロゴニテス（図13.3）はノルウェーのデボン紀前期の地層から発見され，他の地域からも発見が相次いでいる．配偶体と解釈する平面状の広がりの上に，胞子体（コケ植物らしく，単生の胞子嚢柄）が林立しており，見かけはまさにコケ植物である．この化石はかつてはシダ植物の原始型ではないかと疑われたこともあった．また，非分枝性の胞子体の構造や，葉状の配偶体など，見かけ上の類似からタイ類の祖先型のひとつに擬せられたこともあった．しかし，現生のセン類に比すべき特徴も備えており，胞子嚢中には弾糸（タイ類に見られ，成熟した胞子を弾き飛ばす役割をする特殊な構造）が見当たらず，（タイ類にはなく，セン類には普遍的な）軸柱があり，胞子嚢基部には気口があったらしい．

デボン前期からはサロペラ，トルチリカウリスなどの化石の記録もあり，ど

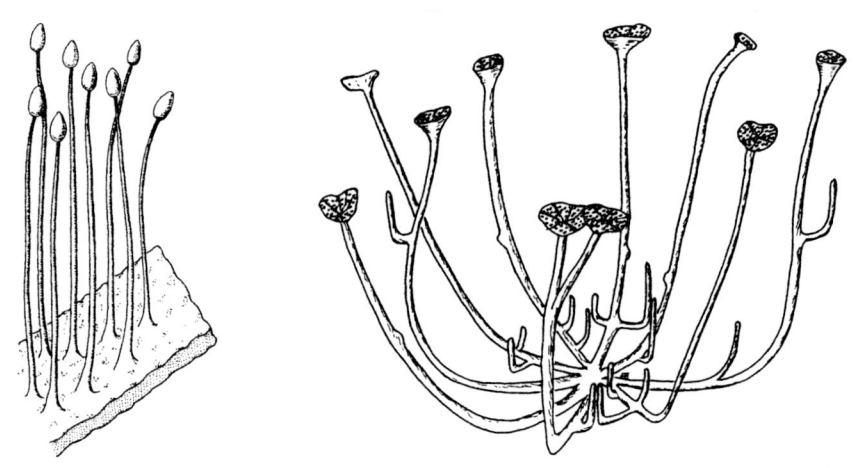

図 13.3 コケ植物と同定される化石：スポロゴニテス（左）とスキアドフィトン（右）
（右：Remy & Remy : Argumenta Palaeobot., Vol. 6, 1980, fig 3–9）

ちらもスポロゴニテスと似ているとされるが，これらでは，胞子体が単生でなく，枝分かれすると報告されている．（現生のコケ植物の形質を総覧すれば，胞子体はすべて単生であり，胞子体が枝分かれすればコケ植物ではない．）

誰でも納得するほど保存のよいコケ植物の化石といえば，デボン紀後期のパラビキニテスである．二叉分岐したリボン状の葉状の配偶体にははっきりと中肋が認められ，現生のタイ類といっても疑う余地がないほどの構造を残している．

コケ植物の多様性

コケ植物の始源型が正確にわかっているわけではないのだから，コケ植物の初期の系統関係は推測の域を出ない．また，地質時代を通じて，コケの化石は乏しいので，化石に基づいてコケ植物の系統を追跡するのは難しい．そこで，現生のコケ植物の比較から系統をたどる必要がある．コケ植物という名のもとにまとめられる現生の植物群には，蘚類，タイ類，ツノゴケ類の3群が識別される．

これらの3群がそれぞれどういうものか，少し詳しく見てみよう．

セン類　現生のコケ植物のうちではもっとも多くの種数を包む群である．スギゴケやマゴケなど，直立した配偶体の上に，単生する胞子体の姿がふつうにいうコケのイメージである．現生種は1万種近くが記録されており，地球上のあらゆるところで生育しているが，未知の種も少なくないと推定される．

タイ類　タイ類といえば，ゼニゴケ，ジャゴケなどの葉状体が思い浮かべられるという．もっとも，そういう種が頭に浮かぶ人はコケのことをある程度知っている人である．しかし，それでいて，ゼニゴケやジャゴケはタイ類とし

表 13.1　コケ植物の分類

セン類	
ミズゴケ群	ミズゴケなど
クロゴケ群	クロゴケなど
ナンジャモンジャゴケ群	ナンジャモンジャゴケなど
マゴケ群	スギゴケ，ヒカリゴケ，コウヤノマンネングサなど
タイ類	
ウロコゴケ群	ハネゴケ，ムチゴケ，マキノゴケなど
ゼニゴケ群	ゼニゴケ，ジャゴケ，ウキゴケなど
ツノゴケ類	
ツノゴケ群	ツノゴケなど

ては特殊なものだといわなければならない．タイ類には約340属8000種が記録されているが，そのうちでもっとも種数の多いのは，ウロコゴケ亜綱のウロコゴケ目である．

ツノゴケ類　　現生のコケ植物3群のうちでは特別に小さい群で，約400種が記録されている．胞子体が角状で，介生成長をして伸長し，内部に軸柱があり，葉緑体を含む同化組織があるほか，最外層の細胞（表皮に相当する）のうちには孔辺細胞で囲んだ真正の気孔がつくられる．これらの形質のうちには維管束植物と共有のものがあり，この仲間をツノゴケ植物門として独立に扱う考えもある．

=Tea Time=

最大のコケ

コケの生活史の主相は配偶体である．だから，最大のコケといっても，最大の維管束植物と直接に比べるのは好ましくない．維管束植物の生活史の主相は胞子体で，配偶体は単純な構造のものだからである．配偶体だけでいえば，陸上植物のうち，コケの配偶体は最大の大きさに達するといえる．胞子体だけでいえば，コケではせいぜい20 cmくらいの大きさ止まりである．もっとも，それでも，小さい維管束植物よりははるかに大きいとはいえるのだが．

最大のコケはドーソニアである．配偶体の高さは60 cmに達することがあり，群生しているところでは見事な景観をつくる．これくらい大きくなると，茎の内部構造もハイドロイドと呼ぶ通道細胞が発達して，一見維管束植物の構造かと見まがうほどのかたちを整えている．

第14講

維管束植物の起源と系統

キーワード：原始維管束植物　リニア　テローム説

　維管束植物とコケ植物の系統的な関係は，分子系統学の成果が積み重ねられてきた現在でも，確実なことはまだ明らかにされていない．その問題はここでは詳述しないで，維管束植物がどのように多様化してきたかを概観してみよう．

陸上植物化石

　20世紀の中頃まで，イギリスのキドストンとランの共同研究で，イングランドのライニー石灰岩層で発掘された保存の良好なデボン紀の化石に基づいて，リニア，ホルネア（命名上の都合で，後にホルネオフィトンと改名された），アステロキシロンなどの化石植物が維管束植物の祖先型だと考えられ（図14.1），維管束植物の進化はその筋道にそって組み立てられてきた．

　しかし，その後古生代の植物化石の研究は大幅に進展した．新しい化石の発見も続出したが，一方，古くから知られているライニー石灰岩層の化石についても，どんどん新しく開発される解析技術を有効に適用して，いくつもの新事実が明らかにされてきた．

　研究が進んでくると，2種あるとされていたリニアの構造が詳しく解明され，そのうちの1種には完成された維管束は認められないことが確かめられることになった．そこで，リニアは，1種だけが維管束植物で，もう1種はアグラオフィトンという属名を与えられて，シダでもコケでもない原始陸上植物と認識されることになった．リニアの2種，リニア・ギンボーニとリニア・マヨールは，リニア・ギンボーニとアグラオフィトン・マヨール（図14.1bから図12.1右へ改変）の2種に整理されるようになったのである．

　維管束のない陸上植物は，単純な定義ではコケ植物ということになるが，アグラオフィトンはコケ植物ともいえない．生活環を見ると胞子体が優先し，配偶体はより単純な構造を示すからである．生活環から見れば，これはシダ植物

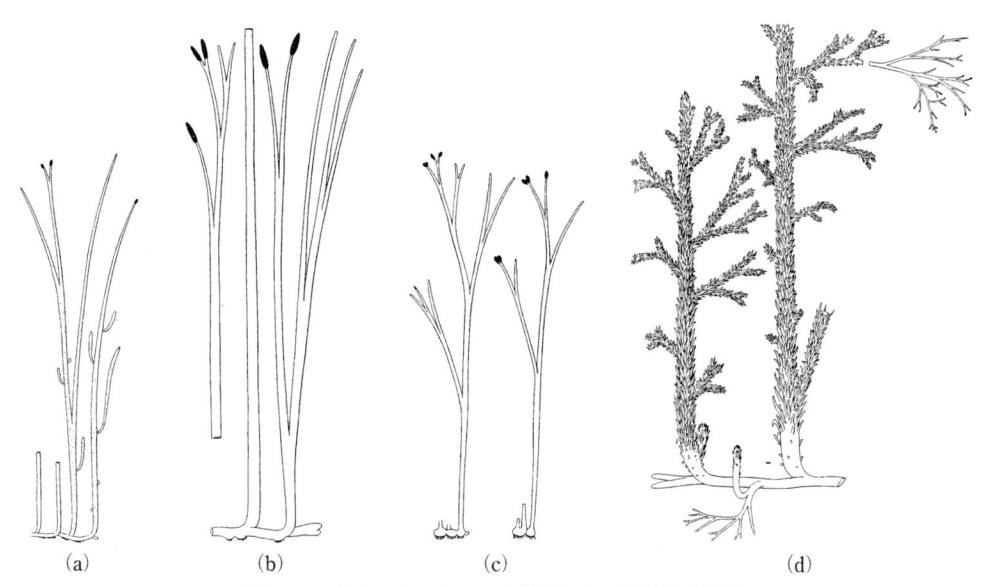

図 14.1 キドストンとランが報告した原始維管束植物
(a), (b) リニア 2 種, (c) ホルネオフィトン, (d) アステロキシロン (Kidston & Lang, 1921 より, ただし, この図は Max Hirmer : Handbuch der Paleobotanik, Druck und Verlag von R. Oldenbourg, 1921 より引用)

である．そこで，最初の陸上植物であり，シダでもコケでもない植物を原始陸上植物と呼んでおく．

　原始陸上植物として，コケ植物にも維管束植物にもすっきりと同定されない化石植物のうち現在知られているものは，アグラオフィトンのほかには，コケ植物に入れられることもあるスポロゴニテス（図 13.3A）などである．その他の化石は，たいてい所属が決められている．

　原始陸上植物にかかわる古生代の植物群ではあるが，すでに維管束を発達させていた植物化石にはどういうものが知られているか．最古の維管束植物化石としてはシルル紀中期以後に見つかるクックソニア（図 12.1A）などであるが，デボン紀前期までの維管束植物化石は，リニアやクックソニアの仲間（リニア群）と，アステロキシロン，ゾステロフィルムの仲間（ゾステロフィルム群）に大別される．後者のゾステロフィルム群は第 15 講で述べる小葉植物の系統につながるものである．

　原始維管束植物が単系的に進化したか，多系統だったかはまだ解明されていない問題である．第 15 講で述べるように，維管束植物のうち，小葉をもつ系統は独立性が強いことが示唆されているが，それ以外の維管束植物の系統については，単系統であるとする考えが有力ではあるものの，まだ研究の余地が大きい．

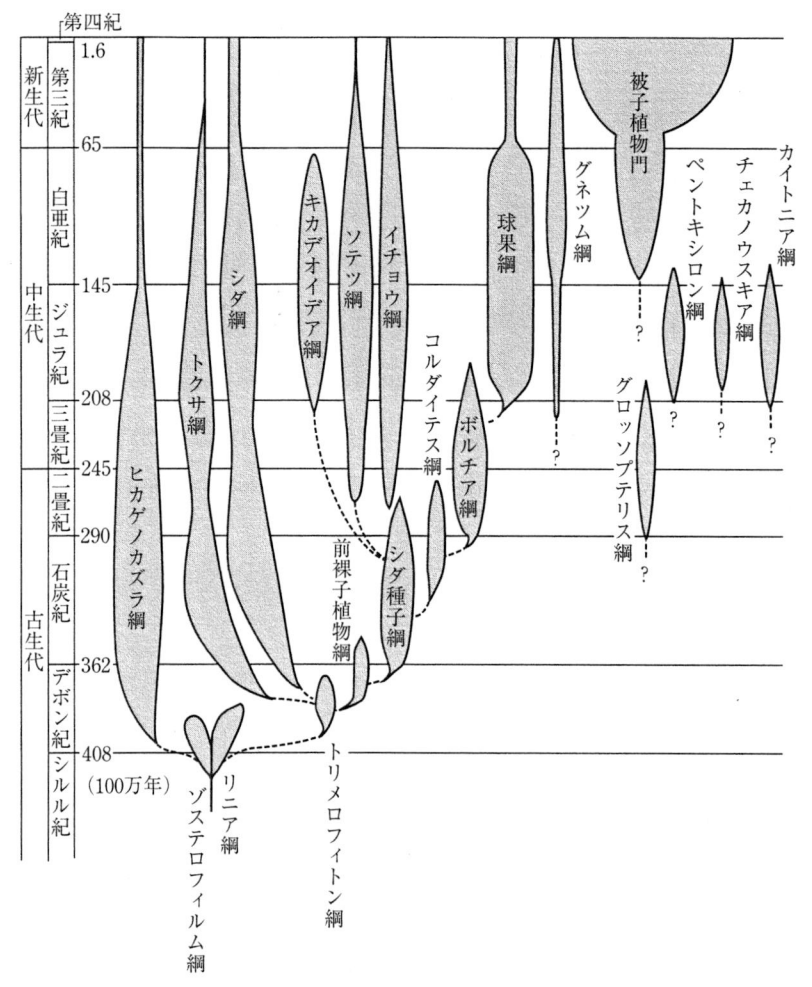

図 14.2 維管束植物の推定系統樹

現生の大葉性の維管束植物には，シダ類から種子植物までを含む大きな群と，現生種はわずか1属十数種というトクサ類があるが，古生代の化石の研究から，リニア群の化石植物は，デボン紀中期にはトリメロフィトン群へと進化し，この群を元に，トクサ類，シダ類，それにやがて種子植物へ進化する前裸子植物が分化したものと整理されている（図14.2）．

根，茎，葉の分化

最初の陸上植物には根，茎，葉という器官の分化は見られなかった．現生の維管束植物にとってはもっとも基本的なこの器官の分化は，いつ頃，どのような過程を経て完成されたものだったか．

陸上植物は軸のようなかたちで姿を現したとされる．アグラオフィトンだっ

てそうだし，リニアのかたちも軸の組合せである．しかし，軸の寄せ集めだから，からだが茎でつくられていたとはいい難い．茎というのは，根や葉が分化しているから区別して茎と名づけられる器官である．根も葉も分化していない軸性の構造体を茎といってしまっていいかどうかには問題が残されている．

むしろ考えやすいように，根や葉がどのように分化してきたかをあとづけることから始めよう．陸上へ進出した最初の植物には，現生植物に見るような根や葉は認められなかった．だから，陸上へ進出してから，根や葉が進化してきたはずである．

葉の分化　維管束植物の葉には大葉，小葉，楔葉（けつよう）が区別される．小葉は小葉植物に，楔葉はトクサ類に認められ，それぞれの群で説明する．小葉性のシダ植物（＝ヒカゲノカズラ類），楔葉性のトクサ類を横目に見ながら，大葉が進化してきた過程はテローム説でうまい具合に説明される．テローム説など，葉の進化については，本書の姉妹版の『生物の系統・進化30講』で詳しく紹介するので，ここではテローム説は大筋の説明だけにとどめておく．

葉が分化していなかったリニアのような維管束植物の体制から，維管束植物の原型を立体的に二叉分岐していたものと想定し，その軸性の構造の末端をテローム，それ以外の単位をメソーム，いくつかのテロームとメソームの集まりをテローム枝と呼ぶ（図14.3）．維管束植物が陸上で活発に生活するにつれて，テローム枝に，扁平化，分岐の優劣化，癒合，軸の連結，などの変化が生じ，それらが組み合わさって扁平な葉が形成された．この型の大葉ではもとのテローム，メソームに相当するものが複雑な葉脈となっており，茎の維管束から葉の維管束（＝葉跡）が分出する際に，茎の維管束には葉隙が形成される．

根の分化　葉の進化の研究に比べて，根の進化の研究は遅れている．すでに原始維管束植物において，陸上に伸びる直立茎と地中を匍匐する根茎が分化していたことは確かめられているが，これは茎に相当する軸の状態を指しているもので，形態的な分化が見られたということではない．根茎には根毛がつい

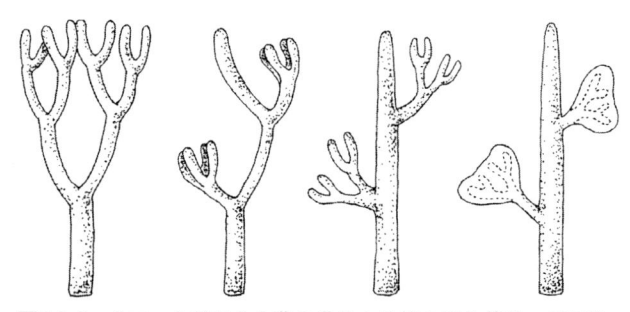

図14.3　テローム説による葉の進化：分枝の不均等化，扁平化，癒合が見られる

て，地中からの水や養分の吸収の役割を分担していたが，走地性をもつ根が屈光性をもつ茎と，形態的にも分化したのは，維管束植物が陸上に定着してからいくらかの時間を経てからだった．現在，最初の根が何だったかは確認はされていないが，原始維管束植物には現在いう意味での根は知られていないので，たぶん，真嚢シダ類（第17講参照）が進化してきた頃に，根の分化が完成したものと推定される．

　根という器官には，葉のような多様性は認められていない．根の分化は維管束植物の進化にとって大切な現象だったのだろうが，現在まで，根の進化が陸上植物の系統の分化に深くかかわったという証拠はなく，だから，系統群を指標する形質としては，根の進化はほとんど参照されることはない．

陸上植物の生殖器官

　植物の生殖器官は基本的には胞子嚢と配偶子嚢である．その限りでは，陸上へ進出した植物も水中生活の藻類と異なるところはない．

　陸上植物では，胞子嚢も配偶子嚢も，生殖機能をもたない細胞が袋状の構造をつくり，生殖細胞（胞子や配偶子）を包み込む．藻類では（シャジクモ類を除いて）生殖器官を構成する細胞はすべて生殖の機能をもっており，陸上生活に適応した胞子嚢，配偶子嚢は，特定の細胞に機能性の無駄を生じるのを覚悟で，乾燥などの陸上の環境に耐える形態を構築している．雌性の配偶子嚢である造卵器が，生殖機能をもたない細胞で包まれて徳利のかたちをしていることから，頸卵器と呼ばれ，この型の造卵器をもつシダとコケのことを頸卵器植物と呼んだこともある（図14.4）．

　陸上植物の胞子は空中を飛散するのがふつうになり，胞子の表面がスポロポレニンという特殊な物質で覆われ，乾燥などに耐える構造をもっている．一方，有性生殖細胞である配偶子の方は，シダやコケでは配偶体の上でわずかな

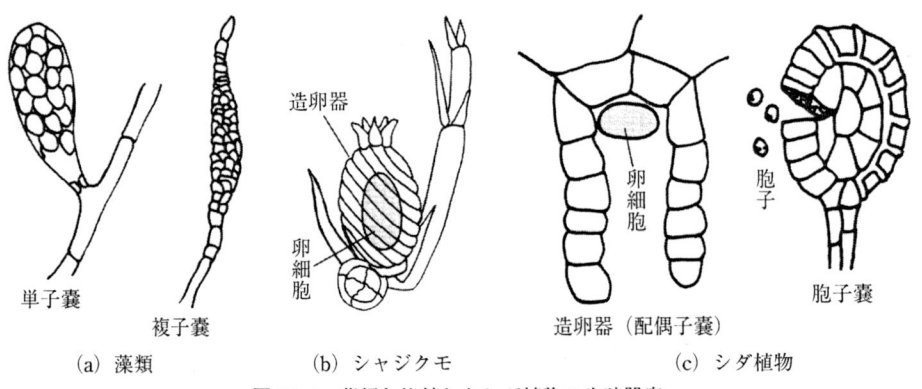

図14.4　藻類と比較したシダ植物の生殖器官

露などの水の中で受精する状態がつくられているし，種子植物では，第19講で述べるように，胞子体の組織のうちで受精が営まれる．有性生殖では，水の中で生活していた先祖の生活様式を引き継ぎ，陸上の乾燥状況下で営むように進化はしてこなかった．

原始的な維管束植物の分類

シルリア紀の末に陸上生活を始めた植物は，最初の例であるアグラオフィトンでは維管束をもたず，現生のセン類などに見られるハイドロイドとよく似た通道組織をもっていたらしい．コケの始原型と確認できるわけではないスポロゴニテスなどとともに，原始陸上植物とまとめておくのが妥当であろう．

原始的な維管束植物といえば，小葉植物に発展するゾステロフィルム類（第15講参照）と大葉植物の始原型とみなされるリニア類があるが，これらの化石植物群はシルル紀末からデボン紀前期にかけて知られている．デボン紀の初期にはリニア類からトリメロフィトン類が進化して大葉植物の祖先型となり，デボン中期にトリメロフィトン類からトクサ類（第16講），シダ類（第17, 18講），原裸子植物（第17講）が分化してきた．これらの植物群を，無理に分類体系にまとめるとすれば，表14.1のようになる．

表 14.1 原始的な陸上植物の分類

原始陸上植物（原始維管束植物群）	アグラオフィトン，スポロゴニテスなど
リニア類	クックソニア，リニア，ホルネオフィトンなど
トリメロフィトン類	トリメロフィトン，プシロフィトンなど

══════════════ Tea Time ══════════════

古生マツバラン

プシロフィトンは最初1857年にカナダのニューファウンドランド島のガスペ半島にある有名なデボン紀の地層から見つかって，ドーソンにこの名前をつけてもらった．日本の暖かい地域にも分布域を広げるマツバランに似た植物だというのが名前のもとである．

発見されたのはダーウィンの進化論がまだホットな論議の対象になっていた時代である．当時の学会は，4億年ほど前にはマツバランのような植物が生えていた，という報告をすんなり受け入れるような状況にはなかった．長い間，この化石も，この名前も放っておかれたままだった．（メンデルの場合は，残念ながら彼が亡くなってからではあったが，35年後には彼の学説の正しさが

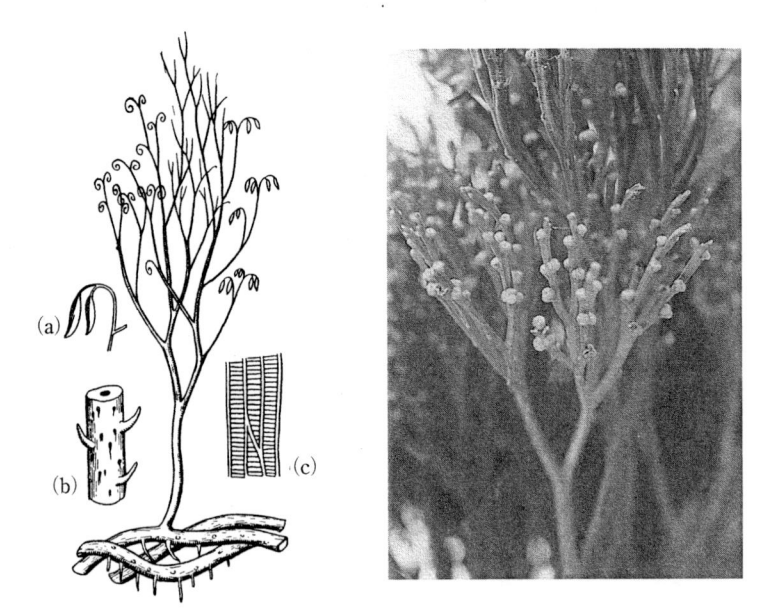

プシロフィトン（ドーソンによる復元図）とマツバラン（写真）：(a) 胞子嚢, (b) 茎と表面の突起, (c) 中心柱

認められている.）

　1920年代になって，キドストンとランが，イギリスのライニー石灰岩層から保存のよい化石を発掘して研究し，デボン紀には単純な構造の原始陸上植物たちが生活していたことを確認した．30年代になるとドイツのクロイゼルとワイラントも，ドイツ産の化石に基づいてさらにこの知見を補強した．その時点で，古い記録が思い出され，ドーソンの研究報告が見直された．プシロフィトンもこの仲間であると確認されるようになり，ドーソンはしっかりした研究をしていたと再評価されたのである．

　時とともに研究技法が改善され，ドーソンが使った資料を含めて，プシロフィトンの化石をていねいに解析してみると，ドーソンが復元の材料に使ったたくさんの化石の断片はさまざまの種を混ぜこぜに寄せ集めたものであることがはっきりしてきた．ドーソンが扱った材料から，2属4種が識別されることになったが，さらにその2属は大葉性の系統に属するものと，小葉植物に属するものであることが確かめられ，後者はソードニアという属名で区別されることにさえなった．（この名前はDawsonの名前に基づくが，$Dawsonia$という学名はすでにあることから，sとdを逆にして$Sawdonia$という新名にされたものである．）

　ドーソンは独創的な研究をしており，最初のデボン植物を記載してはいたが，彼が復元図に描いたような植物は化石にもなかったという批判は，少々狭い意味では正しかったのである．

第15講

小葉植物の進化と系統

キーワード：小葉　　隆起説　　ゾステロフィルム類　　担根体

　維管束植物が単系統だったか多元だったか，さまざまな論議が重ねられているが，この問題の解答もまだ科学的に完結するにはほど遠い．しかし，維管束植物のうちには小葉植物と呼ばれる系統が，他の群とは独立に進化していたことは確かな事実であり，その末裔は小さな群になってはいるが，今も陸上生物相の一部を占めている．ヒカゲノカズラなどの一群である．

ゾステロフィルム類

　陸上植物の最古の化石植物群のうちに，大葉性の陸上植物と別の進化を遂げてきた系統に属するものがいくつか知られている．ライニー化石植物群のうちのアステロキシロンをはじめ，デボン紀中期にかけてのゾステロフィルムやバラグワナチアなど（図15.1）がその代表である．

　ゾステロフィルム類の特徴は，他の原始維管束植物と，(1) 直立茎（地上に伸び出す茎）は主軸と分枝がはっきりしている（末端では二叉分岐であるが），(2) 茎の表面になんらかの付属物がつく，(3) 胞子嚢は枝の末端につくのではなく，枝に側生する，などの基本的な性質で異なっていることである．

　ゾステロフィルム類以外の原始維管束植物では，軸の分岐は徹底的に二叉分岐であり，茎の表面は平滑で付属物がつくことはまずなく，胞子嚢は枝の末端に頂生する．かつては，これらの性質が原始維管束植物そのものを表現すると考えられていたが，ゾステロフィルム類の特徴がはっきりしてくるにつれて，原始維管束植物のうちにもこれらの基本的な体制に多様性が認められることがはっきりしてきたのである．

小葉の進化

　ゾステロフィルム類に見られる葉は小葉と定義される．これはすでに1903年にリグニエが注目したもので，葉に入る維管束の分枝（葉跡）が茎の維管束

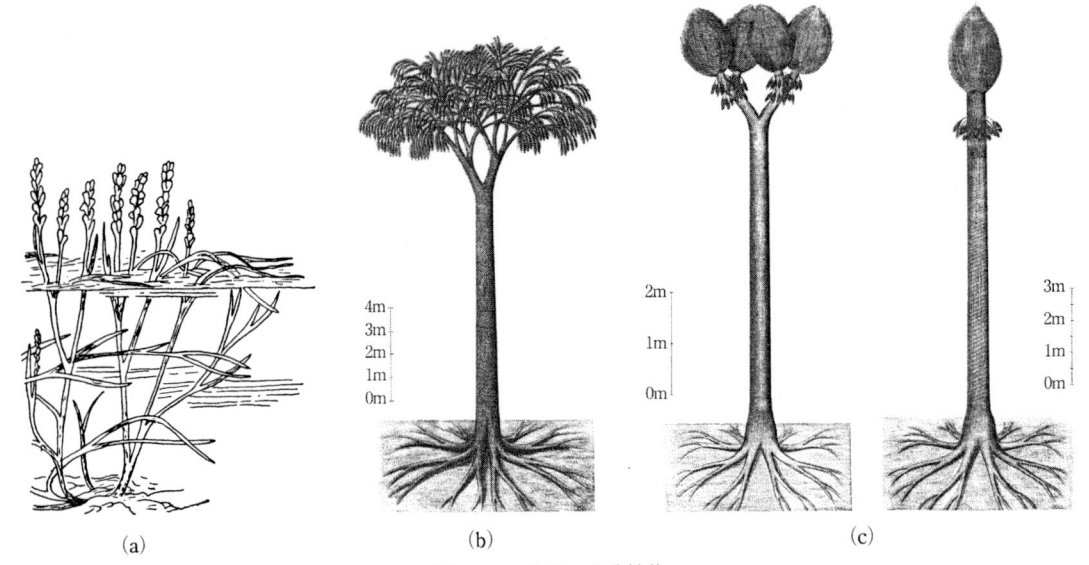

図15.1 化石の小葉植物
(a) ゾステロフィルム(Kraeusel & Weyland), (b) レピドデンドロン（リンボク）(Hirmer, 1921),
(c) シギラリア（フウインボク）(Hirmer, 1921).

から分出する際葉隙（維管束の管にできる裂け目）をつくらず，また，葉跡は葉に入ってからも分岐しないので，葉脈は常に単生である．このような葉を小葉と定義すれば，ヒカゲノカズラ類，ミズニラ類，イワヒバ類などが小葉をもつ維管束植物ということになる（ジェフレイは，トクサ類の葉も上の定義に従って小葉類と考えたが，輪生に配列するトクサ類の葉はヒカゲノカズラ類の葉とは構造的に異なっており，後に楔葉として小葉からは区別されることになった．実際，今では楔葉は大葉の一型とみなされている）．

　原始陸上植物のうちで，小葉をもつものを並べてみると，いずれもゾステロフィルム類と同じ特徴を備えており，小葉はこの系統に発達した葉と考えられるようになった．小葉の起源をたどると，この型の葉は，バワー（1908）のいう隆起説（図15.2）で説明できるような進化の道筋を歩んできたらしい．

　隆起説を傍証する重要な証拠としてあげられる中間的な性状の例はアステロキシロンの葉である．デボン紀の地層の化石で多産するこの植物の葉では，原始維管束植物らしく，茎の表面に鱗片状の突起が一面についているが，この突起に向けて茎の維管束が小さく分出し，突起の基部の近くまで分出した維管束の先端が達する．しかし，分出した走条は，突起のうちに入ることはなく，だから葉脈を形成することはない．ということは，この突起を小葉と言い切ることはできないのである．

　小葉と定義されるゾステロフィルムやバラグワナチアの葉になると，維管束

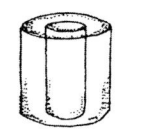

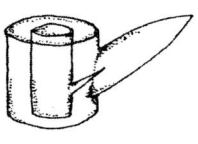

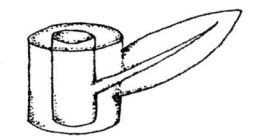

図 15.2　隆起説による葉の進化

の分枝は突起の先端近くまで貫通し，こうなれば単脈ではあるが，葉が完成したということである．

異形胞子性

　小葉植物の系統では，異形胞子性の進化が特徴的である．胞子生殖は無性生殖と呼ばれることがあるように，コケ植物のすべて，シダ植物の大部分で同形胞子性が優勢であり，異形胞子性は種子の進化の条件でもあった．しかし，シダ植物段階に留まっている小葉植物の系統では，異形胞子性が系統の分化と並行して進化している．すなわち，現生種のすべてが同形胞子性を維持しているヒカゲノカズラ群に対して，クラマゴケ，ミズニラの仲間では，現生種のすべてが異形胞子性を進化させているのである．

　クラマゴケの系統では非常に早い時期から異形胞子性が確立していたようである．小葉植物の系統では，すでに石炭紀にはヒカゲノカズラの系統とクラマゴケの系統は分化を遂げていたようであり，石炭紀の化石がすでに現生の属とたいへんよく似た形態を示していたこともこの系統の特徴である．

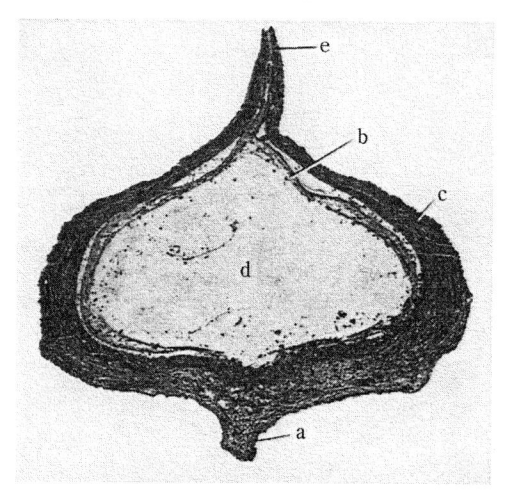

図 15.3　レピドカルポン
a：胞子嚢托，b：胞子の細胞壁，c：胞子嚢壁，d：大胞子（すでに卵割が進み，配偶体になっている），e：胞子嚢の開口部（C. A. Arnold : An Introduction to Paleobotany, McGrow-Hill, 1947）．

維管束植物の異形胞子性はしばしば種子の進化とのかかわりで論じられる．小葉植物の系統には種子の進化は見られなかったが，種子の進化と対比させるような現象が化石には記録されている．レピドカルポン（図15.3）は石炭紀に記録される胞子嚢の化石であるが，小葉に包まれた大胞子嚢の中で大胞子嚢が発芽して雌性の配偶体となり，造卵器をつくる．第19講で改めて述べるように，レピドカルポンの構造は初期の種子と比べることができる形態を示している．しかし，小葉植物の系統では，例外的にレピドカルポンや，これとよく似た草本性のミアデスミアのような構造は見られたが，種子植物のような種子の形成は見られなかった．

担根体

小葉植物の系統を指標する形質としては，その名が示すように，葉が小葉であることが決定的なものである．しかし，葉だけでなく，根もまた特徴的であることが徐々に確かめられている．

リンボクの根はシギラリア（図15.4）という名をもっている．（化石は部分的に発掘されるので，一部の器官などで同定され，からだの全形がわからないままに命名されることがある．ひとつの生物体の各部分が異なった名前をもつことはめずらしくなく，部分に命名された名前を organ genera などということがある．シギラリアは根の部分につけられた organ genus の例である．）この「根」は，茎から地下部へ移行するところで，二叉分岐を何回かくり返し，根でも茎でもない構造体となる．

これと同じ構造体はクラマゴケにも見られ，茎の分岐点から屈地性のある構造体が伸び，先端に根がつく．この構造体は茎と根の形質のどちらかを備え，歴史的にも，茎の変形と考えられたり，根の変形とみなされたりした．

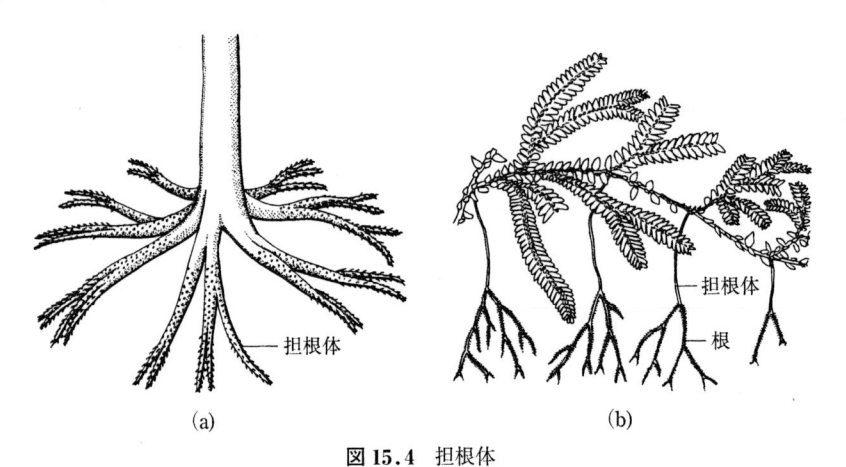

図 15.4 担根体
(a) リンボクの茎の下部から地下部へかけて（スティグマリア），(b) クラマゴケ．

図 15.5 スティグマリア：リンボクの地下部（担根体と根）
(Hirmer, 1921)

　リンボクからミズニラへ進化する過程（Tea Time 参照）でも，この形質に進化は確認されており，とりわけ異形胞子性の小葉植物ではこの構造体が普遍的に認められる．この構造体を担根体と呼ぶ．大葉性の植物で形態を語る際には，器官としては根，茎，葉（この場合大葉を意味する），それに花，があげられる．これが，小葉植物では，根，担根体，茎，小葉という器官が分化していることになる．小葉植物には花は形成されない．このような器官の構成の差も，小葉植物が大葉性の植物と異なった系統群のものであることを示唆している．

　さらに，同じ根といっても，ヒカゲノカズラ類の根は頂端分裂組織が二分してそれぞれから新しい根が生じるが，これは基本的に二叉分岐であり，発生様式が外生的である点を含めて，内生的な発生を行う大葉性植物群の根と異なっており，根の多元性を示唆している．

小葉植物の多様性

　小葉植物はシルル紀の末に現れ，デボン紀中期までの間に化石で知られるゾステロフィルム類に始まる．デボン紀のはじめにはこの群からヒカゲノカズラ類が分化し，石炭紀にはリンボク，ロボクなど高さ 20 m に達するほど大形化し，当時の森林の優占種となった．大形化した仲間はやがて滅んだが，草本性のヒカゲノカズラ，クラマゴケなどの仲間は石炭紀の頃からほとんど同じような体制で生き続ける．現生種は約 800 種とそれほど豊富ではないが，古生代には繁栄した群である．

　マツバランは根も葉も分化しない現生の維管束植物であり，原始維管束植物と比較されることがある．リニアなどの直接の子孫ではないが，単純な体制な

第15講 小葉植物の進化と系統

表15.1 小葉植物の分類

ゾステロフィルム類*	ゾステロフィルム，ソードニア，クレナチカウリスなど
マツバラン類	マツバラン，イヌナンカクランなど
ヒカゲノカズラ類	
ドレパノフィクス目*	アステロキシロン，バラグワナチア，ドレパノフィクスなど
古生リンボク目*	プロトレピドデンドロン，レクレルキアなど
リンボク目*	リンボク，スチグマリア，シギラリアなど
ヒカゲノカズラ目	ヒカゲノカズラ，スギランなど
イワヒバ目	クラマゴケ，イワヒバなど
プレウロメイア目*	プレウロメイア，ナトスチルアナなど
ミズニラ目	ミズニラなど

ど，特殊な進化を遂げた群と理解される．系統についてさまざまな仮説が提唱されたが，今では近縁のイヌナンカクランなどとともに，小葉植物の1群とされる．

わかっている限りの小葉植物の系統関係に基づいて分類表をつくれば表15.1のようになる．（*を付した群は化石だけで知られるものである．）

━━━━━Tea Time━━━━━

ミズニラの進化

生物進化を表現する進化という言葉が，一般用語として使われる時には，進歩，発展という意味に限定して使われるという傾向はなかなか消えてしまわない．しかし，生物界では，単純化（退化，退行進化ともいう）という進化の一表現があることは常識である．

陸上植物の進化のうちで，単純化を示すよい例がミズニラ類の進化である．現生のミズニラ科は約70種が知られているが，化石でも祖先型があとづけられている．ミズニラは茎がせいぜい何mmという単位に短縮しているが，この仲間には茎が数cmに伸びるものがある．少し前に，その茎が分岐する型がペルーアンデスから報告され，*Stylites* と名づけられた．この種は白亜紀の *Nathorstiana* と似ているということで注目されたが，これも最近では現生種の変異の特殊な型と理解されている．*Nathorstiana* は茎の高さが数cmに達するミズニラ類である．さらにさかのぼって三畳紀になると *Pleuromeia* が記録されているが，これは茎の高さが1mを超えるもので，やはり水際に生えていたものと推定されている．*Pleuromeia* の祖先系に擬せられるのがリンボクやフウインボクなどと呼ばれる古生代の小葉植物である．これらは大きいものでは高さ30mに達する高木で，古生代に繁茂していたが，この頃の森林はほと

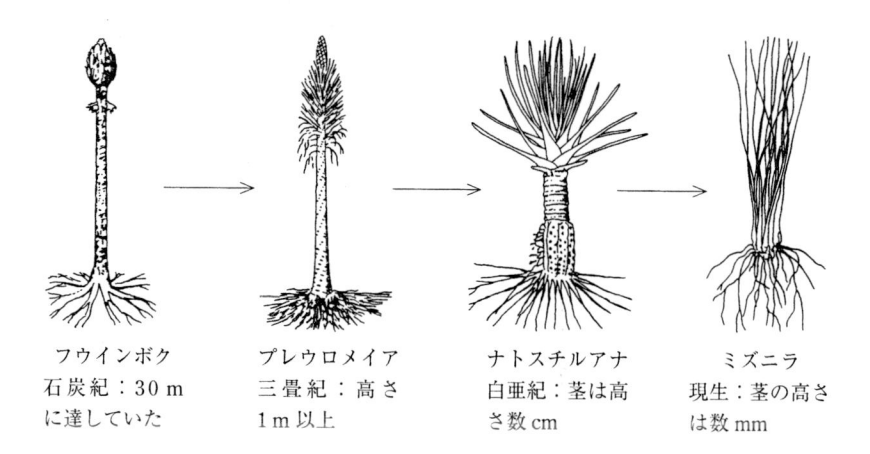

フウインボク
石炭紀：30 m
に達していた

プレウロメイア
三畳紀：高さ
1 m 以上

ナトスチルアナ
白亜紀：茎は高
さ数 cm

ミズニラ
現生：茎の高さ
は数 mm

ミズニラ

んどが水際に発達していたものと推定されている．

　逆に時代を追って見てみると，小葉植物のある系統群は，古生代には木本として森林の優占種だったが，その後の進化の過程で，池沼の周辺に閉じ込められ，だんだんにかたちが小さくなり，ついに茎がほとんどなくなったミズニラ属だけが現在まで生き残っているとみなされるのである．

第16講

トクサ類の多様性

キーワード：有節植物　　トクサとスギナ　　ヒエニアとスフェノフィルム
　　　　　　胞子嚢穂

　トクサ類は古生代にずいぶん繁栄したが，その後，進化の歴史のうちで，他の維管束植物などのように多様化し，優勢になるということはなかった．むしろ，花の咲く種子植物が多様化するのに遅れをとって，大型化していた大部分の群が絶滅に向かい，化石植物群となってしまったのだった．現在まで生き残っているのは，草本性というべき大きさの種だけである．

　トクサ類（有節植物）と呼ばれる植物のうち，現生のものは1属十数種にすぎない．日本にも，トクサ，スギナ（ツクシは，スギナの胞子をつける茎葉体である），イヌドクサなど9種が自生する．

トクサ類の起源と多様化

　化石の記録をあとづけると，デボン紀中葉のトリメロフィトン群を始原型としてトクサ類，シダ類，原裸子植物が分化してきたことが確かめられる（図14.3）．トクサ類は，それ以後単系統で進化を続け，石炭紀には封印木など巨大な姿を見せていた．しかし，中生代以後，種子植物が繁栄するようになると，いつか退行進化の道を歩み始め，現生のトクサ類は小型のトクサ属だけになってしまった．

　トクサ類は有節植物とも呼ばれるが，これは，茎に節と節間が明瞭に分化し，節に輪生して楔葉がつくためである．楔葉はいわゆる土筆の袴で，単生する葉脈をもつ小葉のような葉が輪生状に癒着している構造である．トクサの葉ははじめリグニエ（1903）によって小葉の1型とみなされたが，これは現生種の楔葉の各片についてみると，いずれも葉脈が単生し，葉跡が分出する際に葉隙をつくることがないため，楔葉は小葉が輪状に融合したものとみなしたものだった．しかし，化石種のトクサ類（たとえば石炭紀のスフェノフィルム）の葉のうちには，大葉性で葉脈が分岐して複雑な脈理を形成するものはめずらし

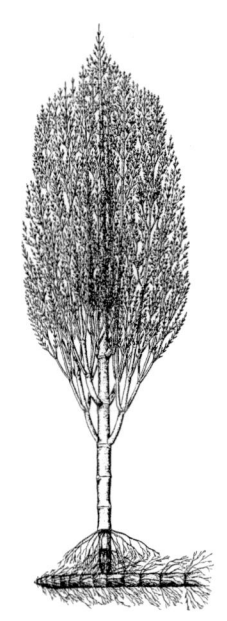

図 16.1 カラミテスの復元模式図 (Hirmer, 1921)

くなく，現生のトクサ類の葉は単純化の結果，現在のすがたに進化したと確かめられた．しかしふつうの大葉と比べると，輪生する姿が特異であるということから，ジェフレイ (1898) がトクサ類の葉を楔葉と名づけた．

実際，トクサ類の祖先型とみなされるデボン紀中期のヒエニア（図 16.1）には分枝した小枝状の付属体が各節についており，楔葉のテローム起源，いいかえれば楔葉の大葉性を示している．

トクサ類では，側根は，根の先端から離れたところで，内部の組織である内皮から，内生的に発生する．これは大葉性の維管束植物に普遍的な特徴であり，根の性質でもトクサ類は大葉性の系統に属することが示唆される．

胞子囊穂の複雑化

節と節間がはっきりした茎，輪生する楔葉に加えて，トクサ類の特徴としては胞子囊穂の構造があげられる．現生のトクサ類に見るように，胞子葉は楯状の構造を示し，内側に胞子囊をつける．この胞子葉がぎっしり詰まって穂状の構造（図 16.2）をつくり，いわゆるツクシの坊主のかたちとなる．

また，胞子囊のうちで一部の細胞は生殖機能をもたず，乾湿に合わせて急伸縮し，弾けて胞子を飛散させる弾糸となるものがある．胞子囊は維管束植物では表皮起源であり，藻類の段階まではすべての細胞が生殖機能をもつように成熟するが，陸上へ進出してからの植物は，胞子囊の外側は生殖機能をもたない

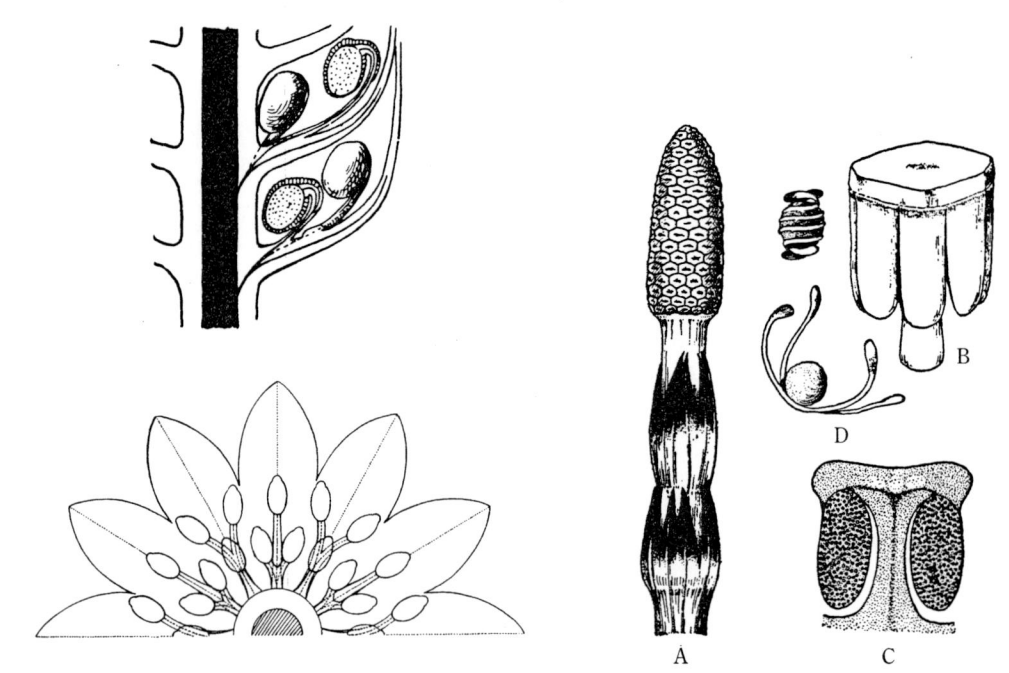

図 16.2 トクサ類の胞子嚢穂
左：スフェノフィルム，胞子嚢穂の縦断図と横断図．右：ツクシ，A：胞子嚢穂，B：1個の胞子嚢群，C：2個の胞子嚢，D：弾糸（Hirmer, 1921 と A. W. Haupt : Plant Morphology, McGrow-Hill, 1953 より）．

細胞で包み込まれる姿をとる．さらに，トクサ類では，弾糸など，生殖機能をもたない胞子嚢の要素が進化している．

　トクサ類の胞子嚢については，古生代のうちにずいぶん複雑な構造をもつ胞子嚢穂が進化していたことを見過ごすことはできない．もともと反転するテロームの先端に胞子嚢をつけていたのであるが，胞子葉では胞子嚢をつける葉がまとまり，それが枝全体を占めるようになる．トクサ類の胞子葉枝はひとまとまりになる傾向があり，そのまとまりが胞子嚢穂を形成するようになった．胞子葉枝が複雑な構成をとるとできあがった胞子嚢穂の構造は複雑となる．カイロストローブスはその極端な例で，胞子葉枝のうちに胞子葉と胞子をつけない楔葉が複雑な順序で配列し，かたちをあとづけているうちにくたびれてしまうほどの形態をとっている（図 16.3）．

　トクサ類の胞子嚢穂の進化を定向進化と見るか，複雑化に何か意味があったのか，今からそれを比較解析するのは容易なことではない．しかし，あまりに錯綜した構造を進化させてしまったので，それ以後の発展に遅れをとったことは十分に考えられる．種子植物の生殖器官が種子を形成することによって機能性の高い生活を進化させたのに対して，胞子嚢穂の複雑化に向かったトクサ類の生殖器官の進化は必ずしも成功ではなかったということだったのだろうか．

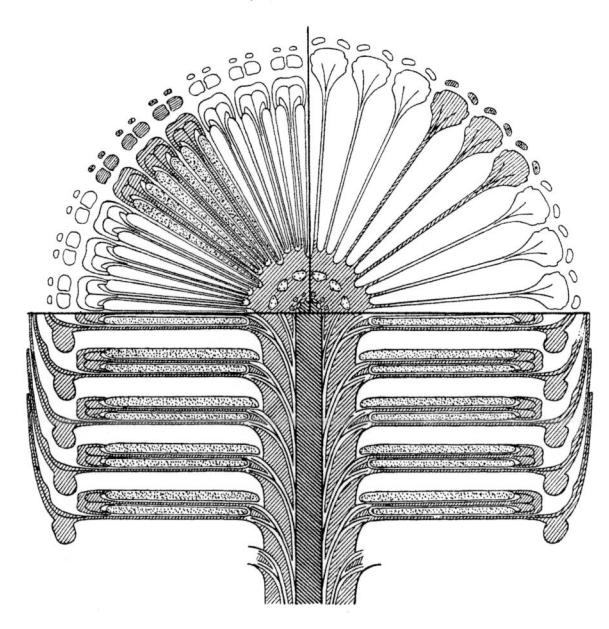

図 16.3 カイロストロープスの胞子嚢穂模式図
左側は胞子嚢のレベルで，右側は胞子葉のレベルで見る．3枚単位で微妙なズレが生じている（Hirmer, 1921）．

トクサ類の系統と分類

現生のトクサ類は1属十数種にすぎない．しかし，地質時代には繁栄を謳歌した時期もあった．このようなトクサ類の全貌を，分類体系の姿で表示すれば表16.1のようになる．

表 16.1 トクサ類の分類（トクサ目のうちのトクサ科以外は化石植物）

ヒエニア目	ヒエニアなど
プセウドボルネア目	プセウドボルネアなど
スフェノフィルム目	スフェノフィルムなど
トクサ目	トクサ，スギナなど

=======Tea Time=======

トクサ類の化石

子どもの頃，私は頑健な子ではなかった．子ども仲間と遊ぶより家の中に引っ込もりがちだった私のことを気づかって，母はよく私を家の外に連れ出して

ツクシ（左：胞子嚢，中：胞子嚢の拡大，右：スギナとツクシ）

くれた．春のはじめの野草摘みもそのひとつで，ワラビやゼンマイ採りも，母に連れられて始めた活動だった．小川の堤などで土筆摘みをしたのも同じ筋の話である．採って帰った土筆は，坊主と呼んでいた胞子嚢穂と，袴と呼んでいた輪生葉をとって，茎だけを甘辛く佃煮風に煮てくれ，春の香りをいただいたものだった．しかし，時間をかけて笊一杯に摘んだ土筆は夕食の食膳に並ぶ時は小皿に一杯の量だった．土筆で腹を満たそうと，当時の私でさえ思っていたわけではなかったが，それでも，堤の傍にある電信柱を眺めて，電柱のように大きな土筆があったらなあ，とぼやいていたものだった．

大学の陸上植物の系統分類の講義で，古生代の有節植物の進化は電柱のような大形の種（封印木など）を生み出していたと聞いた時，私の脳裏には幼い頃の奥丹波の小川のほとりの風景が忽然と甦ったものだった．トクサ類の系統は，私にとってはそういう個人的な思い入れのある世界である．

トクサ類の現生種は1属十数種だけである．しかし，地質時代にはずいぶん多様に分化していたことがわかっている．トクサ類だけでも大量の化石が知られているのである．

第17講

シダ類の系統

キーワード：トリメロフィトン類　原始シダ類　大葉　真嚢性と薄嚢性

　シダ植物といえば，怪獣の頃から繁茂していた古い植物，と考える人が多い．しかし，怪獣が生活していた中生代に地球表層で優勢を誇っていたシダ植物は，現生のワラビやベニシダというシダ類（狭義，第18講参照）とは違った仲間で，トクサ類やヒカゲノカズラ類などの仲間が中心であり，さらにいえば，シダのような葉をもっていたシダ状種子植物と呼ばれる裸子植物の仲間もひっくるめて語られていたのである．

　現在の知見をまとめると，大葉性のシダ類は，デボン中期のトリメロフィトン類から，トクサ類，原裸子植物と並行して進化してきた群とみなされる．

大葉性の維管束植物

　図14.3で概観するように，維管束植物はもっとも古い時代に小葉性の系統（小葉植物）と大葉性の系統に分化した（か，これら二つの系統が独立に，二元的に進化してきた）と推定される．大葉性の系統では，リニア類からデボン紀に入るとトリメロフィトン類が進化してきた．この系統群を始原型にして，デボン紀中期にトクサ類が分化して古生代から中生代にかけて繁栄し，また別の方向に原裸子植物が分化し，やがて種子植物へ進化する系統がはっきりしてくる（第19講参照）．さらに残りの系統が狭義のシダ類へと発展するのである．

　シダ類の胞子体には根，茎，葉という器官が明瞭に分化している．葉は大葉性で，原始的な群では細かく裂けた複葉であるが，現生種には単葉に進化したものもめずらしくない．脈理（葉面に見られる脈の構造）は遊離しているのが基本であるが，さまざまな網状脈を描くものも少なくない．この場合も，脈の末端は開放二叉分岐をするのが原則であるが，成葉では先端が結ばれる網状脈もいくつかの群には見られる．最終裂片に入る脈が単生の例は少なくないが，葉脈そのものが単生する例は（コケシノブ科のある種のように，葉自身が極端

に単純化しているものを別にすれば）ない．

　葉の組織には，表皮，柵状組織，海綿状組織，維管束が区別できるものもあるが，多くの場合，柵状組織と海綿状組織の分化は不明瞭である．種子植物では表皮組織には，気孔の孔辺細胞以外の表皮細胞には葉緑体が含まれていないが，シダ類の表皮細胞には，孔辺細胞を含めて，普遍的に葉緑体が含まれているのが特徴である．

　葉はふつう有限成長をし，芽の中でかたちが決定されており，その後の成長は単に決められたかたちを展開するものである．しかし，シダ類の葉のうちには羽軸の成長が有限ではなく，いつまでも展開を続けるものがある．ウラジロの葉は，日本では羽片がせいぜい 2, 3 対しか出ないが，熱帯産の種では，羽軸の先端の成長が留まることを知らないので，羽片が何対も出，葉自体数 m を超える大きさに達することもまれでない．ツルシノブも同じように葉が無限に伸長し，茎で基物に巻き上がるように高くなる．（フロリダ州などでは，ツルシノブが旺盛に成長し，巻き付いて植物に害を与えるというので，クズと同じように，有害外来種として嫌われものになっている．）ワラビやユノミネシダなど，ワラビ科の種にも，葉がどんどん展開する性質がある．

　現生のシダ類は草本性だから，**茎**は根茎など，匍匐性のものが多く，原則として二次肥大成長をしない．木本性とされるヘゴ科などの場合も，茎は肥大成長をせず，直立した茎の表面に根などが絡まりあって太っていくように見えるだけである．しかし，化石シダ類では肥大成長をしたものも記録されるし，現生種のうちでもハナワラビ類では柔組織に二次的な分裂が見られる．

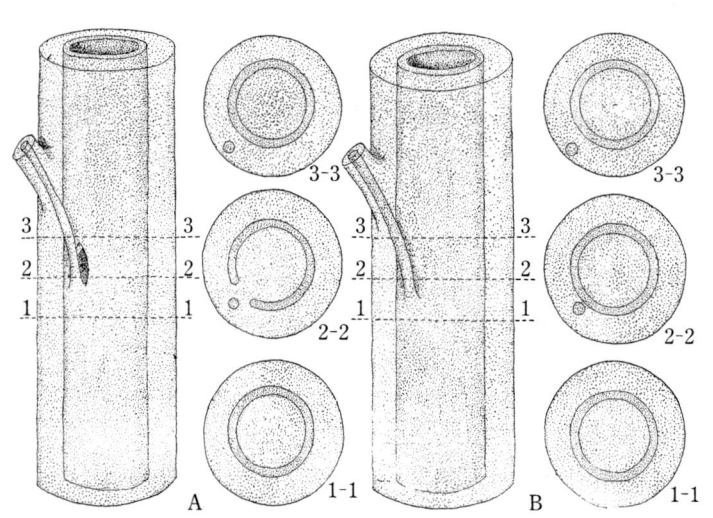

図 17.1：シダ類の中心柱の概念図（A：網状中心柱，B：管状中心柱）円形の図はそれぞれのレベルの横断面（Cryptogamic Botany II, fig 91）．

茎には長く匍匐するものが多いので，背腹構造が確立している例も少なくない．中心柱（図17.1）は，原始的な原生中心柱をもつものから，ほぼ完全な管状中心柱をもつものもあるが，葉の維管束（＝葉跡）が分出する際に葉隙が発達する例が多く，典型的な網状中心柱を形成するものが多い．

シダ類の根は，胞子体の発生初期には主根が分化するが，これはすぐに枯死し，伸長する根茎から分出する不定根がその後の植物体の根の役割を演じる．

原始シダ類

デボン紀中期にトリメロフィトン類からシダ類が進化してきたといっても，単一の系統が進化したというのではなくて，いくつかの系統が分化し，そのうちのあるものが現在まで生き続けているということである．化石で知られている原始的なシダ植物には，さまざまな型がある．

中生代からはシダ類の化石も大量に発掘されているが，研究が進んでいるとはいえない．だから，シダ類の起源と系統を明らかにするためには，さらに研究が必要であり，研究すべき課題もはっきり見えている対象であるともいえる．

真嚢シダ類

次講で詳述するように，現在地球上で繁栄しているシダ類は，大多数の種が薄嚢シダ類と呼ばれる仲間に属する．特徴は，胞子体に生殖器官（胞子嚢）が発生する際，表皮細胞の1個が出発点になって1個の胞子嚢を形成する．できあがった胞子嚢は1層の生殖機能をもたない細胞（胞子嚢壁）で包み込まれている．この胞子嚢形成の型を薄嚢性と呼ぶ．大葉性の陸上植物の大部分（種子植物のすべて，原始シダ類など）では，1個の胞子嚢を形成するのに，複数個の表皮細胞が共同で関与する．生殖機能をもたない胞子嚢壁の細胞は2層以上の厚さになる．薄嚢性に対して，この型を真嚢性の胞子嚢形成という．薄嚢性が時代も下ってから，特定の群にだけ見られるので，おそらくは真嚢性の胞子嚢形成が基本的な型だったと推定され，名前もこちらが真嚢性となっている．

現生のシダ植物のうちにも真嚢性のものが知られる．ハナヤスリの仲間とリュウビンタイの仲間である（ハナワラビについてはTea Time 参照）．これらのものは真嚢シダ類として1群にまとめられたこともあったが，薄嚢シダ類の単元性は支持されるにしても，真嚢性が基本型だとするなら，真嚢性の系統が多系統であることは自然に理解されることでもある．

リュウビンタイの仲間は熱帯で多様化している大形のシダ植物である．大形にはなるが，毛状体は発達せず，胞子嚢群の構造も単純で，分類の指標となる

形質が乏しい．その上，葉面の分岐など，成長段階に応じて多様に変化することなどから，種の識別も種間の系統の追跡も難しい植物である．熱帯性であるということもあって，研究が遅れている群のひとつである．中国で種の細分化が進んだ頃，1種から50種ほどに一挙に細分されたこともあったが，そのほとんどは種内変異を標本で類型化したものだったことが確かめられている．

=Tea Time=

ハナワラビ

　シダ類のうちにも真囊性のものがあり，現生のシダ類のうちではリュウビンタイの仲間とハナワラビ，ハナヤスリの仲間がその例である．トクサ類や小葉性のヒカゲノカズラ類でも，胞子囊形成は真囊性であることから，ハナワラビやリュウビンタイが特殊なシダなのではなくて，薄囊性のシダが，系統のうちでは多様化はしているものの，特殊な進化をした型であると考えられる．

　真囊性のハナワラビでは，多肉質の茎がつくられる際，茎を構成している柔組織の細胞が分裂して茎が肥大していることが知られている．シダ類では二次肥大成長は知られておらず，ハナワラビのこの性質はシダ類としては特殊だとみなされる．もっとも，木本植物の二次肥大成長では，木部と篩部の間の形成層が発達し，材がつくられて肥大するので，ハナワラビの茎に柔組織が不規則につくられるルーズな肥大とは基本的な違いが認められる．

　ハナワラビの植物体は，複雑に切れ込む栄養葉と，それに対立する構造の胞

オオハナワラビ

子嚢枝とから成り立っており，このからだの構成の特異さも，他のシダ類に比べられるようなものではない．そこで，ハナワラビは原裸子植物が生き残ったものでないかと推論されたこともあるが，分子を指標とした系統解析によると，これもどうやら見当はずれであるらしい．柔組織細胞のルーズな分裂は単に付加的な性質で，からだの構成の特異性も，（南米のアネミアなどと平行進化した）特徴のひとつにすぎないということなのだろうか．

第18講

シダ類の多様性

キーワード：現生シダ類　　胞子体　　無融合生殖

　シダ植物と呼ばれる群には，現生種が1万種余ある．広義のシダ植物とは，維管束植物のうち，種子をつくらないもの（種子植物以外のもの）すべてを包含するのだから，（第19講で触れる化石の原裸子植物を除いても，）シダ植物と総称されるもののうちには，すでに述べてきた小葉植物，トクサ類，真嚢シダ類も含まれる．

薄嚢シダ類

　ゼンマイ科　　薄嚢シダ類は二畳紀に起源したとされるゼンマイ科が祖先型である．
　もっとも，ゼンマイ科では，胞子嚢のもとになるのは単一の表皮細胞だけでなく，周辺のいくつかの細胞が胞子嚢柄の形成に参画する．そのため，この胞子嚢形成を純粋に薄嚢性の型から区別し，真嚢性の胞子嚢形成と薄嚢性との中間型を示すと解釈して，分類系でも，薄嚢性のシダ目とは別にゼンマイ目を立てる考えもある．
　薄嚢シダ　　薄嚢性のシダ植物は二畳紀に入ってやっとその始原型があとづけられるので，多様に進化してきた時期から見れば，種子植物と並行している．現生のシダ植物の系統は，種子植物と同じ時期に並行して進化してきたものである．
　1万種ほど記録される薄嚢シダ類の分類体系について，まだ定説は得られていない．分子系統学の知見がいち早くもたらされたのもこの仲間であるが，だからといって，まだ確実な分類系を得るには至っていない．科の分類体系がこれほど難しいというのは，種子植物との対比ではきわめてわかりづらい．種子植物では花や果実の形態が分類体系を定義するのによい指標となることが多いが，シダ植物では花のように複雑な構造がつくられず，いきおい栄養器官の特徴が分類の指標とされることが多い．このことは分類体系を機械的に割り切っ

たものにせず，自然分類に近いかたちに導くのによい効果をもたらしてはいるが，いかんせん指標となる形質に限りがある．薄嚢シダ類の進化と系統分化の過程を明らかにするためには，分子系統の確実な情報の蓄積と，それに基づく正確な形質評価が期待されるところである．

現生シダ類の多様性

現生のシダ類には1万種近くが記録される．日本でも600種以上が識別されており，温暖多雨な気候に恵まれ，複雑な地形が刻まれている日本列島はとりわけ多様なシダ類の生育場所となっているのである．生育場所というより，現に進化を演じている舞台であるという理解をしたい．

シダ類は一般に湿潤熱帯に多い植物と考えられている．実際，種数だけを比較すれば，確かに熱帯に多い．とりわけ，熱帯の森林の雲霧帯（いわゆる蘚苔林中）には多様なシダ植物が見られる．しかし，特定の種はずいぶん寒冷な地域にまで分布域をもっており，高山に生育する種も知られる．また，冷温帯の針葉樹林の林床などにも，シダはめずらしいものではなく，そのような場所では（種子植物と同じように，）同じ種の個体数が極端に多く，シダが生えているという印象を強く与える．ヨーロッパの詩にもシダの生えている場所はしばしば登場するが，ここではシダが旺盛に繁茂している湿潤熱帯とは違った温帯林の林床などが詠われる．

シダ類は生活型も多様で，地上性のものが圧倒的に多いとはいえ，岩上や樹幹着生の種も少なくない．樹幹着生が多く見られるのは当然熱帯であるが，岩上につくものは冷温帯にもめずらしくはない．水生のシダ類も，数は少ないがよく知られているものがあり，サンショウモやアカウキクサの仲間は浮遊性の水生植物であり，ミズワラビは水中に生え土中に根を下ろす．

根茎を長く匍匐させるもののあることは根のところで述べたとおりであるが，木生シダ類では，匍匐するはずの根茎が気中に直立するかたちをもつ．茎が細長く，樹幹などをはい登る例も知られる．ロマリオプシスやステノクレナなどがその例である．一方，葉のところで触れたように，ウラジロやツルシノブでは，葉そのものが成長を続け，葉の羽軸が際限なく伸びて基物に這い登る．

シダ類の増殖

シダ類は有性世代である配偶体と無性世代である胞子体が明瞭に確立しており，半数体の配偶体と二倍体の胞子体が，規則正しく世代の交代（図18.1）を行うことは教科書的事実と知られる．しかし，これには例外がめずらしくな

図 18.1 シダ類の生活環

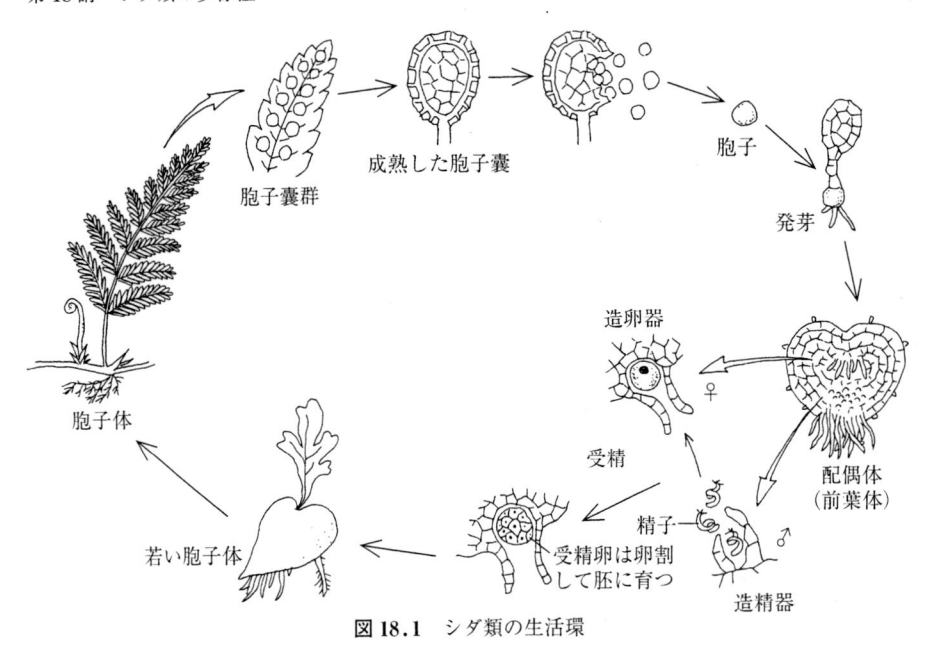

く，シダ類の生殖の型を一言で語るのは難しい．

水生シダ類と呼ばれるサンショウモやアカウキクサなどでは，胞子が産出される際に性の分化が見られ，胞子体は雄性の小胞子と雌性の大胞子をつくる有性的な生殖をする．胞子体が性の区別のある生殖細胞を形成するのは種子植物と同じである．

シダ類全体の約 10% の種（日本産の種に限れば，約 15% の種）では，胞子形成の際に減数分裂が見られず，胞子母細胞と同じ核相の非減数の胞子をつくる．胞子は発芽すると配偶体をつくるが，配偶体には生殖器官はつくらず（まれに造精器をつくる例は知られている），受精をしないで無融合の細胞を出発点にして胞子体をつくりあげる．このような生活環をもつ種を無融合生殖種という．（無融合の細胞から胞子体が生じる現象をアポガミーといい，これらの種をアポガミー種ということもある．）無融合生殖種はもっぱら地上性種で，着生種には無融合生殖種がほとんどないのはなぜか，理由はまだ明らかにされていない．

無融合生殖種には日本では，ベニシダやイタチシダ，ヤブソテツなど，人里から里山にかけてで個体数が豊富な地上性種が多く，これらの種は人の文化が地球表層にはなはだしい改変を与えた後に進化してきた種であると考える根拠がある．無融合生殖型の進化は 1 回の突然変異を基軸に導かれるものと推定され，いくつもの系統群で並行的に見られる現象である（岩槻，1997）．

シダ類の配偶体にも無性芽のつくことが知られている．しかし，栄養分体が

増殖につながる例は胞子体でより鮮明である．根茎が伸長すれば個体が大きくなるが，根茎が途中で切断されることがあれば，個体数は増数する．（竹薮と同じである．）根は不定根だから，個体が切断されても困ることはない．また，走出枝を伸ばして栄養繁殖をする例もあり，シラネワラビやクサソテツなど，旺盛に群生する例では走出枝のはたらきが顕著である．コモチシダの無性芽はそのまま落ちて新しい個体に展開する．ヌリトラノオやカミガモシダなどの無性芽も着地すれば新しい個体になる．植物の細胞は分化の全能性を保有しているのだから，必要があれば無性芽をつくるのは特殊なことではないはずであるが，種の特性として無性芽をつくるものとつくらないものとがあるのは，進化の結果つくられた種の特性である．

===== Tea Time =====

ワラビと膀胱癌

1960年代に，ワラビが膀胱癌を誘発するという話題が取り上げられたことがあった．ワラビは日本人の好む山菜である．日本人だけの話ではなく，ポリネシアなどに分布する型を種の階級で区別すれば，種小名が *esculentum*（＝食べられる）となるように，日本国外でも食用になっている．

放牧されている牛や羊はワラビを食べない．北イングランドの嵐が丘の丘陵地などは，過放牧で森林が発達しなくなっているが，その草原は晩秋一面に赤褐色となる．この色はほとんどがワラビで，牧畜に食べ残された葉が紅葉するのである．

生えているワラビは食べないが，畜舎に戻した牛や羊に，刈り取ったワラビを牧草として与えると，食べるそうである．そして，牧草としてワラビを与える牛に膀胱癌が多発することが，この性質を検討するきっかけになった．当時のラットなどでの実験でも，ワラビを食べると膀胱癌が多発すると，有為な相関があるという結果が得られた．ただし，日本で食べるように，灰汁抜きをしたワラビには誘癌効果がないそうで，だから，話題にはなったものの，日本でワラビを食べても膀胱癌と結びつかないことが安心感をもって迎えられ，その後この問題がどのように研究されているかも聞かないでいる．

しかし，この話題からしばらくの間に，ワラビについてはさまざまな面からの解析が行われてきた．ワラビの生物学などというまとまった報告書もつくられたほどである．

ワラビは全世界に分布し，やや酸性の陽地に旺盛に繁茂するので，研究材料としては容易に入手できるものである．しかし，ある程度まで解析すると，そこから先にモデル植物として解析するのに適した課題があるわけではないよう

である．おもしろい課題をもつ種だからといって，モデルとしての解析の材料にはならないというよい例かもしれない．

第19講

種子植物の起源

キーワード：原裸子植物　　種子　　二次肥大成長と材

　維管束植物のうち，現在地球表層でもっとも繁栄しているのは種子植物である．種数で数えれば，現生種の95％ほどは種子植物で占められる．その種子植物の始原型は裸子植物であるが，シダ植物のある型が種子をもつようになって進化したことは間違いない．

原裸子植物

　種子植物が単系統か多元的に進化してきた群であるか，確定できない点はあるが，種子植物に進化してきた系統が，デボン紀中期にトリメロフィトン群から分化してきた原裸子植物を祖先型としていることはほぼ確実に確かめられている．

　化石だけで知られる原裸子植物の発見は，当然のことながら化石の研究に基づいて行われた．大形の生物では，生物体1個体分が揃って化石として発掘されることはまずない．化石の研究は，だから，断片で出土した化石の同定が基礎であり，生物体の一部に名前がつけられてきた．器官ごとにつけられた名前を organ genera とか form genera と呼んでいる．化石の研究が進んでくると，豊富な化石資料を元に，独立に名前をつけられた器官の間の関係が追跡され，いくつかの organ genera を集めてひとつの個体の姿が示されるようになる．

　原裸子植物の発見は，別々に記載されていた organ genera の間の関係が解明され，栄養器官の比較では裸子植物につながるものの，生殖器官の進化はシダ植物段階にある植物が化石で確認されることになったのである．同じような研究の成果として，メタセコイアの場合は推定された植物が実際に生存していることが確認され（第21講），この推定の確からしさが示されたが，デボン紀の植物については，植物の全個体を示して実在していたことを実証することは期待できない．推定は推定に留まらざるをえないという限界をすぐに打破することは難しい．しかし，このような化石が確認されることで，裸子植物に進化

してきた系統の祖先型が見えてき，裸子植物の系統進化にとってはいろいろと示唆される点が明らかになってきた．

原裸子植物が系統として認識されるようになったのは1960年代からである．ベックらの研究によって，その頃まで，材と生殖器官が別々に同定され，材は裸子植物，生殖器官はシダ植物とされていた植物の間に，実はつながりがあるということが，膨大な資料の研究に基づいて確認された．アルカエオプテリス（図19.1）と名づけられたこの種の葉の部分は古生シダ類と呼ばれていた．一方，茎の部分はそれまでカリキシロンと呼ばれ，裸子植物と考えられていたのである．カリキシロンの材には二次木部と放射組織をもつ二次維管束が発達しており，これはシダ植物には見られず，裸子植物だけに見られる形質である．この両者が単一の植物の別々の器官であることが確かめられたことから，栄養器官は裸子植物の系統に属し，胞子嚢はシダ植物的な段階の植物がデボン紀中期に生きていたことが確認されたのである．

原裸子植物の研究が進み，アルカエオプテリス以外にもこの系統に属するものがあることが明らかにされた．原裸子植物はデボン中期に出現したが，祖先型がトリメロフィトン類であると追跡され，石炭紀初期までにかなり多様化していたことも明らかにされ，やがて裸子植物に進化する祖先型であることが確かめられた．系統的には裸子植物の祖先型であるが，まだ種子を形成しておらず，生殖はシダ植物段階の状態にあった群であるとわかったのである．同じトリメロフィトン類から分化してきても，トクサ類の系統にもシダ類の系統にも種子は形成されず，原裸子植物だけがやがて種子を進化させ，種子植物が白亜

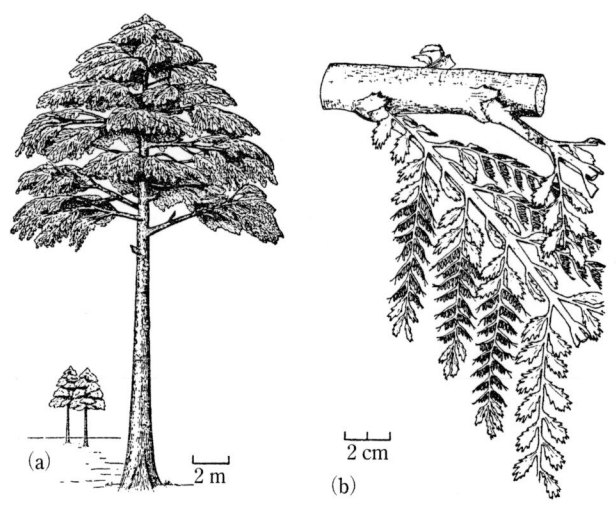

図 19.1 原裸子植物の復元図：(a) 全形図，(b) シュートの一部
(Beck: *American Journal of Botany*, vol. 49, 1962)

紀以後の地球表層を優先的に占めることにつながった．

種子の形成

　シダ植物は胞子植物段階にあり，種子植物は種子を形成する．この違いを生活環の比較として整理すれば図19.2のようになる．種子の主要な属性を整理すると，異形胞子性が見られる，種皮がある，胚や胚乳（内乳）がある，休眠をする，などがあげられる．

　現生のシダ植物の多くは同形胞子をつくる．しかし，大葉性のシダ植物にも小葉植物にも，異形胞子性の進化は見られる．最初に陸上に進出した植物は同形胞子性だったとされるが，最初の異形胞子性はすでにデボン紀初期には進化していたという証拠がある．小葉植物には異形胞子性を進化させた系統があり，たとえば現生のクラマゴケなどは異形胞子性を示す．クラマゴケと同じ異形胞子性の化石植物にレピドカルポンがあるが，これは（第15講で述べたように，）一見種子に似た構造の化石である．しかし，レピドカルポンでは，休眠期があったと確認はされていないし，形態的にも，大胞子嚢の壁は珠孔に当る部分で外に開いており，種子で珠心壁が閉じているのとは異なっている．レピドカルポンのような内生胞子発生（大胞子が胞子嚢の中に留まったまま発芽し，配偶体になる現象）は異形胞子性が確立した原裸子植物にも見られる．

　珠心を包む珠皮の起源が種子の進化を解明する上で鍵になる点であるが，これについては化石の資料に基づいていろいろの推論が展開される．珠皮の起源を異形胞子化と並行して進化した不稔化したテロームと考え，石炭紀の地層から出てくる化石を並べて，胚珠が形成される過程を示そうとする試みもある（図19.3）．

　種子の起源についての詳細はまだ詰められていないが，最古の胚珠はデボン紀後期のエルキンシアとモレスネチアだから，3億7000万年前までさかのぼることになる．しかし，石炭紀前半までの胚珠（まだ珠心壁が完全に閉じていない前胚珠の段階にあった）には胚の残っている化石が見つかっていない．これは，胚が休眠せずに，受精後すぐに発生したためと推定され，休眠をする現在風の種子の進化が完成したのは胚をもった種子化石が最初に見つかる石炭紀後期だったと推定される．

二次組織の進化

　シダ植物の栄養器官に比して，裸子植物の特性として，材に二次肥大成長が進化したことが特徴的である．カリキシロンが裸子植物に同定されていたのは，二次組織をもつためであるが，現生のシダ植物は原則として二次組織をも

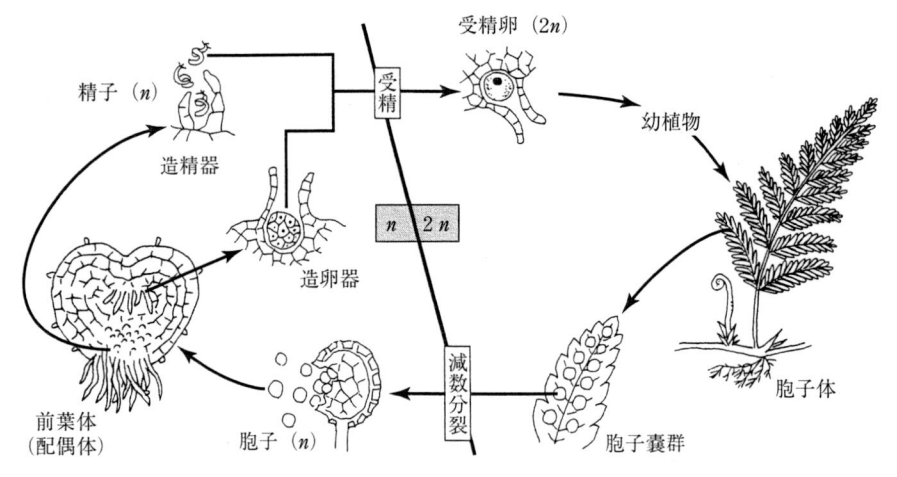

(a) 同形胞子をつくるシダ植物（ワラビ）

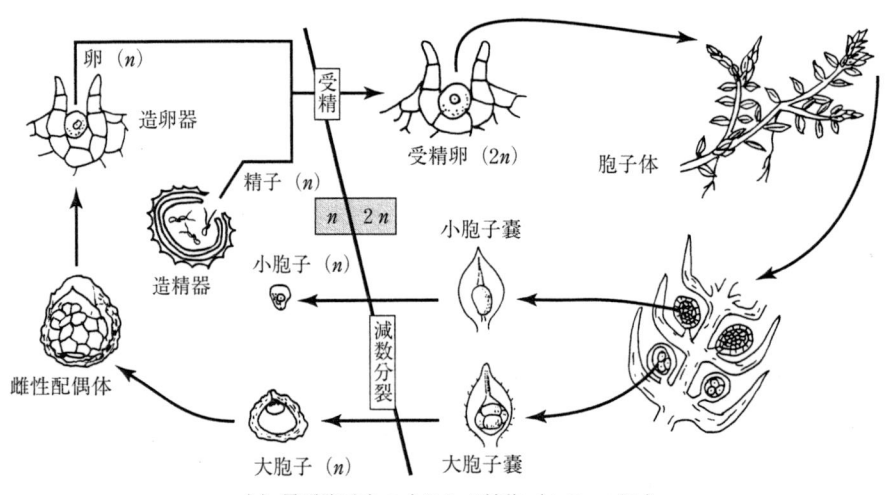

(b) 異形胞子をつくるシダ植物（クラマゴケ）

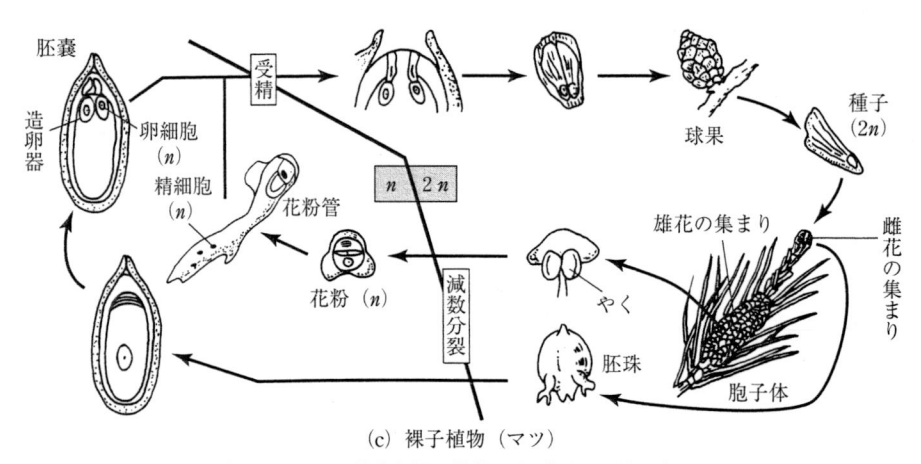

(c) 裸子植物（マツ）

図 19.2 シダ植物と裸子植物の生活環の比較概念図

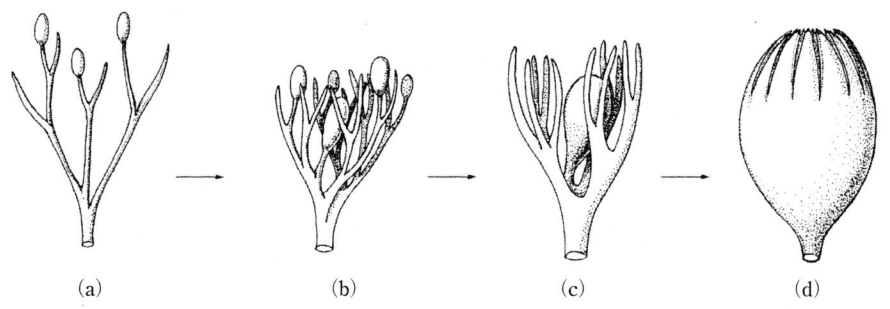

図 19.3 胚珠の系統発生概念図
(a) リニア：同形胞子段階．(b) ヘデイア：異形胞子段階，テロームによって雌性胞子が囲まれる．
(c) 仮想図：雌性胞子が胞子をつけないテロームだけで包まれる．(d) 原始的な胚珠の模式図．

たない．二次組織をつくることで，樹幹の支持の力が強くなり，植物体の大形化が可能となった．アルカエオプテリスは樹高 20 m に達したと推定されており，デボン紀中期には高木のある植物相が形成されるようになったのである．高木になることによって，太陽光の利用がいっそう効果的になったほか，森林を形成して自分の力で地球表層での水の蓄積に貢献するとか，他の生物との共存を促して多様な生物相を育てるとか，陸上における生物の生活に多様性をもたらすことになった．石炭紀以後今日に至る陸上での生物の進化は，原裸子植物の進化によってその礎が築かれたのである．

========== Tea Time ==========

最古の種子

種子形成は維管束植物だけに見られるものだから，最初に種子をつくって種子植物になった個体（集団）は「種子植物になったシダ植物」といえるだろう．

近代的な分類学を確立し，既知の種のすべてを同一規格で記載しようとしたリンネは，ヒカゲノカズラやトクサ類の胞子嚢穂を fructification と呼んだが，これは花という意味に通じるものであり，当時はトクサの胞子嚢穂も花に準ずるものと考えられた．胞子葉の集まりである花の構造を考えれば，正しい解釈だったのである．

しかし，ヒカゲノカズラやトクサは花を咲かせるとはいわないし，現に隠花植物であるシダ植物のひとつと理解される．それでは，胞子嚢穂がどの段階に達したら花が咲くといい，どの段階に達したら種子を結ぶというのだろうか．

胞子嚢穂と違って，種子であることを示す形質といえば，種皮がある，胚が含まれている，栄養分を貯えている，休眠する，などがあげられる．クラマゴ

ケの胞子嚢穂でも，大胞子嚢がそのまま地上に倒れ，そこで大胞子が胞子嚢から外へ放出されないまま発芽して大配偶体をつくり，卵細胞が受精して，発生し，胚の状態に達すれば，一見種子とよく似た形状を呈する．マクロカルポンやミアデスミアなどの化石は，このような状態のものといえるが，上の条件からいえば種子には相当しない．

　種子が備えている形質をそろえるのは一筋縄でいくことではないが，最近の研究成果を総合すると，デボン紀末にはシダのような葉をもっていた植物が，上にあげたような性質をそろえて，現生の種子植物に見るような種子をもつようになったのである．

第20講

裸子植物の系統と進化

キーワード：シダ状種子植物　　キカデオイデス類　　コルダイテス類

　デボン紀の末に出現したシダ状種子植物には種子と呼ぶに足るだけの構造を備えた繁殖子をつくっていた．シダ状種子植物は，葉の概観だけを見ればシダ植物のように見える植物だったが，生活環のうちに，種子を結ぶ過程が入り，シダ植物段階から種子植物段階への進化がここで完成した．種子段階に達した植物は，その後種子植物を主相にした進化をして，陸上を緑で覆うようになってきた．

最初の種子植物

　種子の起源を，まだ前胚珠の段階にあり，休眠も確立していなかったエルキンシアやモレスネチアに求めると定義すれば，最初の種子植物は3億7000万年前くらいに出現したことになり，これらの植物はシダ状種子植物だった．シダ状種子植物は，デボン紀後期に前裸子植物から進化し，小葉植物やトクサ類と拮抗して大形化し，古生代後期の陸上を覆う優先種の主要な要素となった．
　その名の示すとおり，シダ状種子植物の葉はいわゆるシダの葉という概念に合うような細かく切れ込んだ複葉だった．テローム説でいう大葉の進化の段階からいえば，癒合による単葉化の方向への進化はまだ進んでいなかったが，その葉につく胞子嚢は異形胞子を進化させ，やがて種子と呼ぶ段階にまで進化した．
　シダ状種子植物の種子は，シダのような複葉の，茎的な性質の葉態枝に，シダの胞子嚢のようなつきかたでついており，現生の種子のように形態的にまとまった構造はまだ進化していなかった．小胞子嚢は花粉に相当する生殖細胞の供給源となり，大胞子嚢は，内生的に発生してやがて胚を保有する構造となったのである．異形胞子性に続いて，性の分化も生活環のより早い段階に移動する進化が生じ，大胞子葉と小胞子葉の分化は，シダ状種子植物にすでに認められている．

シダ状種子植物と呼ばれる群は，原裸子植物から進化して種子，またはその前段階にある構造をもっており，古生代末以後に多様化する真正の裸子植物が進化してくるまでの化石植物の総称であり，これが単一の系統群であったかどうかを論じるためにはまだ資料不足である．

化石裸子植物群

次講で述べるように，現生の裸子植物は約800種と，種数でいえば小さい系統群である．だから，裸子植物の系統進化をあとづけるためには，比較的豊富に出土する化石研究に依存する部分が大きい．原裸子植物の発見は化石の研究に基づいていたと前講で述べた．この群から多様化した裸子植物の研究も，同じように化石に基づいて研究される．

原裸子植物は石炭紀のはじめには絶滅してしまったと推定される．だから，この系統群が地球上に生活していたのは，せいぜい5000万年くらいの間である．そして，原裸子植物はそのままシダ状種子植物に進化したと推定されている．シダ状種子植物では，葉はシダの葉のように細かく切れ込んだ複葉であるが，種子をつけており，この名前で呼ばれる．種子をつけた最初の裸子植物である．このシダ状種子植物を祖先型として，中世代に入ってから，裸子植物は多様化し，いくつかの系統群が並行して進化したが，中生代のうちに絶滅してしまった種子植物の系統群も少なくなく，新世代に入ると，種子植物のうち現生の群だけが地球表層を被覆するようになっていた．

シダ状種子植物というやや茫漠とした化石植物群から，現生のソテツ類やイチョウ類につながることが判断できる系統が分化したのは二畳紀中期である．これらの群については，現生種の性質を詳しく調べることによって，化石の理解も容易になる．中生代に入って，ソテツ類と並行して**キカデオイデア類**が分化してきた．この系統は，三畳紀後期に出現し，中生代に繁栄したものの，白亜紀の終わり頃までに絶滅してしまった化石植物群である．キカデオイデア類は，かつてはベネチテス類と呼ばれていた群で，栄養器官に見る特性（だから，概観も）はソテツ類に似ているが，生殖器官が被子植物の花と似ているところがあるくらい，生殖枝が短縮化し，苞葉，小胞子葉，大胞子葉が集まってつく．祖先型としては，シダ状種子植物のメズローサ類から進化したとみなす論拠もある．

石炭紀の中期にシダ状種子植物から派出した**コルダイテス類**は古生代の終わり頃までには絶滅した系統である．かつてはこの類が現生の球果類の祖先型に擬せられていたことがあったが，最近では別系とみなす考えが有力である．かわって球果類の祖先型とみなされるのは，二畳紀のはじめに進化してきた**ボ**

ルチア類で，この群から三畳紀末に球果類が進化し，ジュラ紀前半には完全に置き換わったと考える根拠がある．（ボルチア類を独立の系統群と考えるまでもなく，球果類に含めてしまう考えもある．）球果類は三畳紀の末に出現したが，最初に確認される型は現生のナンヨウスギ科に当るものであり，ジュラ紀に入ると現生の科のすべてが顔をそろえ，白亜紀のうちに現生の属のすべてが知られる．球果類は中生代に繁栄したが，その系統は現代も生き続け，種数としてはずいぶん限られた数になってしまったが，温帯林を形成して旺盛に繁茂しており，地球表層を被覆しているという意味では，面積上は広大な割合を占めている．現存量のもっとも大きい植物群のひとつであるといえる．

その他，化石裸子植物にはいくつかの群が記録されているが，系統的な位置についてはまだよくわかっていない点が多い．古い系統としては，二畳紀から三畳紀にかけてゴンドワナ大陸で知られる**グロッソプテリス類**があるが，ジュラ紀末に進化したとされる被子植物の祖先型に擬されることがある．長さ1mに達するものもある網状脈の単葉が特徴で，幹の直径が40cmになった落葉樹だったらしい．氷河周辺の湿地に繁茂していたと推定される．ジュラ紀から白亜紀初期の地層からインドやオーストラリアで記録される**ペントキシロン類**は，幹の直径が4cmほどの低木で，葉は単葉．ジュラ紀から白亜紀にかけて知られる**チェカノウスキア類**は，二枚貝状の生殖器官の中に胚珠をつくる．被子植物の祖先型に擬せられることのある**カイトニア類**は，羽状複葉の裂片に当る部分に数個の胚珠を包み込んでいる（椀状体と呼ばれる）ことが，被子性と比べられるのである．三畳紀後期から白亜紀初期にかけて北半球に分布していた．

=Tea Time=

ソテツの精子

イチョウの精子の発見については筆者もいろいろな機会に紹介してきた．東京大学附属植物園の宣伝のためもあったからである．

イチョウから1年遅れて公表されたソテツの精子の発見も，日本の植物学史に燦然と輝く業績だった事実を見失うわけにはいかない．平瀬作五郎（1856-1925）によるイチョウの精子の発見の経過を終始応援して見ていたのが池野誠一郎（1866-1943）だったが，当時東京大学農学部助教授で，黎明期の日本の植物学の研究を推進していた彼も，自分のテーマとして，ソテツを材料に精子の探索を行っていた．イチョウは東京大学植物園に栽植されている材料で観察できたが，ソテツは遠く鹿児島大学キャンパスに植えられているものか

ソテツの1種（左：雄花序，右：雌花序）

ら材料の提供を受けたという．平瀬に遅れはしたものの，彼の着眼点も正しく，ソテツでも見事に精子の運動を観察した．この発見はさらにアメリカにおけるザミアなどの研究を促し，維管束植物の系統の研究に大きな貢献をすることになった．

　平瀬のイチョウの論文も，池野が手伝って仕上げたものとされているが，池野自身も数カ月後にはソテツで精子の観察結果を公表した．しかし，池野は自分の発見は平瀬の発見の後追いだといい続けていたという．実際には，当時の東京大学では裸子植物の精子の発見が期待されていたという証拠もあり，誰か1人の成果というものではなかったのだが．後に，池野に帝国学士院賞恩賜賞授与の話があった時，平瀬のイチョウの論文の方が先だったのだからといって，平瀬が受賞しないなら自分も受けられないと主張した池野のエピソードも有名である．

　平野はイチョウの精子発見の後，東京大学を去り，故郷の滋賀県で中等学校教員としての日々を過ごした．

第21講

裸子植物の多様性

キーワード：イチョウ類　　ソテツ類　　球果植物　　マオウ類

　前2講で触れたように，裸子植物は地質時代（古生代から中生代）に繁栄したが，現生種は約800種と，22～23万種ある被子植物と比べれば種多様性は乏しい群である．もっとも，いくつかの種が広大な森林の優先種となっているので，目立ち方からいえば，裸子植物はよく知られている．

イチョウ類とソテツ類

　東京大学大学院理学研究科附属植物園（通称小石川植物園）には精子発見のイチョウと呼ばれるイチョウの大木がある．この木で，1896年9月に，当時植物園の助手だった平瀬作五郎が，世界ではじめて，動いている裸子植物の精子を観察した．シダやコケの精子は鞭毛をもって動くが，種子植物の有性生殖細胞は精核で，花粉管の中を運ばれるというのが当時の教科書の知識だったが，裸子植物にも鞭毛をもって動く精子が観察されたことで，裸子植物とシダ植物の近縁性が改めて確認された．この発見は，近代植物学における日本人の貢献の最初の例のひとつで，平瀬はこの業績により第2回帝国学士院賞恩賜賞（1912年）を受賞した．

　イチョウ類は二畳紀には出現し，中生代に繁栄したが，その後凋落の一途をたどり，ごく最近野生状態では絶滅した．（中国では，今でも野生状態のものがあるとされることがあるが，実際は栽培品が逸出，野生化したものだろう．）早くから寺社などで栽培されていたので，野生絶滅種であっても，施設内保全で生きた植物が大量に栽培される．日本では，街路樹に使われる種としてはもっとも個体数の多いものであり，野生絶滅種といってもピンとこないという人が多い．

　逆さイチョウなどといって神社などのご神木になっているものも多い．古木になると，樹幹の瘤状のものが向地性の成長を行うことがあり，これをちち（乳）と呼ぶ．他の樹木にはめずらしいこのような構造が，イチョウと信仰を

結び付ける神秘さの源だったのだろうか．おかげで，イチョウは施設内で保全され，今日まで完全絶滅に追いやられることはなかった．

　イチョウの植物体の成分からは老人性痴呆症を防ぎ，抑制する成分があるとされ，最近では薬としても活用されている．ドイツ，フランスなどでは売り上げが伸び，日本からイチョウの葉が輸出されたりもしている．（日本では，この成分は薬局方で認められておらず，薬としてではなく，健康食品として売り出されている．）イチョウの実は銀杏という名の嗜好食品であり，また，植物学の研究材料としても，イチョウが施設内保存されていたことはたいへんありがたいことだった．葉のデザインは東京都や東京大学などのロゴマークに使われ，人々に親しまれている．

　ソテツ類も現生種はせいぜい90種くらいに減っているが，イチョウ類と同じように，二畳紀中期に出現し，中生代を通じて繁栄した群である．1896年，鹿児島にあった木で，東京大学の池野誠一郎が動く精子をはじめて観察した（第20講 Tea Time）．

　ソテツは海岸の裸地などにも生えるので，沖縄などでは，潮風除けに家の周辺に植えたりするが，本州では冬期には菰をかぶせて霜除けをしてやらないと寒さに耐えられない．赤い実は灰汁抜きをして食用にされる．荒蕪地などにも生えることから，救荒植物として人を助けてきた．

　これら2群が新生代に入って徐々に元気を失い，野生絶滅に追いやられたり，多様性の乏しい群に凋落したのはなぜか，その理由は明らかにされていない．

球果植物

　裸子植物といえば，常識的には針葉樹であり，マツ，スギ，ヒノキなどである．温帯地方の針葉樹林はエゾマツ，トドマツなどを主相とする．材の蓄積量は膨大な量に達するが，近年伐採が進み，地球環境の悪化の理由のひとつにあげられることがある．

　球果類は古生代のコルダイテス類からボルチア類という進化の歴史を経て，三畳紀の末に出現し，中生代には大きく繁栄したが，新生代に入ると急速に勢力（種多様性）を失い，被子植物に比して，相対的には小さい群に成り下がった．

　生活環の大綱をマツを例に図19.2Cに示す．イチョウ類，ソテツ類と違って，有性生殖細胞（精核）は鞭毛をもつことはなく，花粉管を通って，多核体である内乳を発達させた雌性配偶体に到達する．

　スギやヒノキなどの材は日本人の生活には特に親密である．建築材，家具材

だけでなく，造船，酒樽や枡，割り箸などにまで活用され，古墳時代の記録もスギの薄板に書き留められたものだった．屋久杉のように好事家にもてはやされる高価な材もある．日本人とのかかわりでいえば，アカマツ，クロマツなど，景観を語る際忘れることができないし，日本庭園や盆栽にも欠くことができない樹種である．

メタセコイアは20世紀中葉に，三木茂によって，それまで葉と果実が別々に分類されていた化石につながり（organic connection という）があることが確かめられたが，三木の発見の直後に，化石でなく現実に生きているメタセコイアが中国四川省にあることが確かめられ，生きている化石と紹介された（Tea Time 参照）．第二次大戦直後に日本に苗木でもたらされたメタセコイアは，アケボノスギという和名をつけられ，あちこちに栽培されるようになった．

マオウ類（グネツム類）

裸子植物にはマオウ類，グネツム類，ベルベチア類という3属からなり，相互に近縁性があるわけではなく，その起源もよくわかっていない群がある．生活環に見る形質では，裸子植物離れをした（被子植物と表面的には近似の）例があり，話題になることがある．

観賞用などで栽培されることはあるが，あまり人とかかわりのある群ではない．グネツムは熱帯性の植物で，日本ではよく知られていないが，インドネシアなどでは実は粉にして油で揚げ，カヤの実のような香のあるせんべいにする．スナック菓子というより，インドネシアやマレーシアでは料理に添えていただく．マオウには薬用成分があり，中国などでは有効に利用されている以上に，過剰な採取によって絶滅の危機に直面している地域もある．奇想天外（ベルベチア）はその奇想天外な姿が，温室植物として人目を惹き，植物園などの人寄せに役立っている．

裸子植物の分類体系

被子植物については第22〜25講で詳述するが，被子植物は現在もっとも繁栄している植物群ではあるものの，系統的には裸子植物の1側生群にすぎない．そのことも考慮しながら，種子植物の系統分類を試みると，表21.1が得られる．

第21講 裸子植物の多様性

表 21.1 種子植物の大綱分類（*は化石のみで知られる群）

第1綱	シダ状種子植物類*	
第2綱	キカデオイデア類*	
第3綱	ソテツ類	ソテツ，ザミアなど
第4綱	イチョウ類	イチョウ（野生絶滅）
第5綱	コルダイテス類*	
第6綱	ボルチア類*	
第7綱	球果類	アカマツ，スギ，ヒノキ，メタセコイアなど
第8綱	マオウ類	マオウ，グネツム，キソウテンガイなど
第9綱	グロッソプテリス類*	
（その他いくつかの化石裸子植物*）		
第x綱	被子植物類	

=Tea Time=

メタセコイア

生きている化石という紹介のされ方で名前を聞く裸子植物である．

日本の鮮新世の化石を研究していた三木茂（1901-1974）は，葉や枝，球果が別々に記載されていた植物の相互の関係を詳しく調べ，球果が対生するメタ

メタセコイア：東京大学附属植物園に育った林

セコイア属を記載した．論文が公表されたのは 1941 年で，その時三木は応召されて戦地に赴いていた．たまたま同じ年に，中国四川省の磨刀渓にある変わった裸子植物が植物学者の話題となり，これが三木の記載したメタセコイアであることがわかり，1946 年に化石種が生きた姿で発見されたと発表された．第二次大戦中に，敵対国の間で，見事な科学情報の交換が行われていたのである．そして，これこそ生きている化石であると報道された．

葉がイチイと似ており，球果がヒノキと同じようだというので，三木はこの植物にイチイヒノキという和名をつけた．しかし，この和名はほとんど使われることがない．むしろ，アケボノスギという和名が通用しているが，これは生きた株の発見をアメリカで大々的に報道した記者が dawn redwood と呼んだのを直訳したものである．和名には先取権が認められないので，よりふさわしい名前が広く通用するのである．ついでにいえば，種の学名は化石に命名した名前より生きている植物につけた名前の方を優先させることになっているので，アケボノスギの種の学名も三木の命名したものではなくて，中国の生きた植物に中国の植物学者が命名した学名が正名となる．

話題性の高い発見だったので，その後メタセコイアの研究はいろいろの角度から推進されたが，人に役立つ有用性は発掘されるに至っていない．同じように生きている化石とされるイチョウの方が，有用性という点でははるかに経済性が高い．

第22講

被子植物の起源と進化

キーワード：被子性　　重複受精　　花被　　ABCモデル

　陸上で現在もっとも多様に分化している植物群は被子植物で，22万種とか25万種とか数えられる．実際には30万から50万種が地球上で分化していると推定される．この仲間，ジュラ紀に出現したことは確からしいが，白亜紀になると，現在生きている主な顔ぶれは揃っていたようで，新生代に入ると爆発的に多様化した．

被子植物の特性

　被子植物は花が咲くという点で，裸子植物とは違っている．花は定義が難しいものであるが，原則としては萼（外花被），花弁（内花被），雄蕊，雌蕊という要素が集まってつくる器官である．典型的な見せかけとしては，しかし，胚珠が心皮に包み込まれる被子性で理解する．しかし，現実には，たとえばオウレンのように，成熟した果実を包む心皮（種皮）の外側の接着部がくっついておらず，種子が外からすっかり丸見えになる裸子状態の花もあり，被子植物のすべてが完全な被子性をもっているわけではない．逆に，裸子植物にも，カイトニアのように，胚珠が包み込まれた構造をもつものがある．

　被子植物の葉の脈理が複雑な網状脈を描き出すことも，特性のひとつに数えられる．主脈から分かれて三次脈，四次脈が分出するが，これらの脈の先端が合着して網目をつくり，さらにその網の中に分岐した遊離脈を含むこともあって，大変複雑な構造をつくる．維管束には植物体内の物質の移動の通路となる役割のほか，植物体を支持するはたらきもあるのだが，細脈は支持の役割を果たしていないかもしれない．網状脈についてはシダ植物でもたとえばクリハランなど被子植物と比肩するくらい細かい網目を進化させているものもある．また，モクマオウのように葉の面積が極端に小さいと脈理は単純だし，キンポウゲ科のキングドニアやキルカエアスターでは，遊離二叉分岐の脈理をもつ．

　維管束の木部の通導細胞としては被子植物では導管が進化している．導管は

太い細胞が縦につながって管状になるもので，水や栄養分の移動に効率的である．裸子植物やシダ植物では木部には仮導管があるのがふつうであるが，導管をもつシダ植物なども知られている．また，水生の草本やヤマグルマ，スイセイジュなどには導管が認められず，これらを無導管被子植物と呼ぶことがある．

シダ植物では茎頂には大形の始原細胞（＝成長点細胞）があるが，被子植物の茎頂には，垂層分裂をくり返す1～数層の細胞層からなる外衣と，多方向に分裂する細胞が寄り集まった中核部分の内体がはっきりした構造があり，これを外衣内体構造と呼ぶ．茎頂の成長の様式も，被子植物では特徴的となっている．

これらはいずれも被子植物の特性を示す形質ではあるが，しかしどれ1個を取り上げてみてもそれだけで被子植物を正確に定義するものではない．それに対して，重複受精と，それにともなう配偶体の極端な単純化は被子植物だけに見られる特性である．

重複受精

被子植物を特徴づける形質として，重複受精（図22.1）という生殖現象があげられる．

裸子植物では胚珠が椀状体で包まれている場合でも，花粉（＝小胞子，実際にはすでに細胞内で核が2個に分裂している）は胚珠内の花粉室に入り，そこで発芽する．被子植物では，柱頭に到着した花粉はそこで発芽し，花粉管は柱頭，花柱と母植物体の中を伸長して胚珠に達する．花粉管（＝雄性配偶体）では，花粉細胞の核が分裂して花粉管核と生殖核になり，生殖核はもう一度分裂して2個の精核となる．だから，雄性の配偶体は成熟した状態で，三つの核を

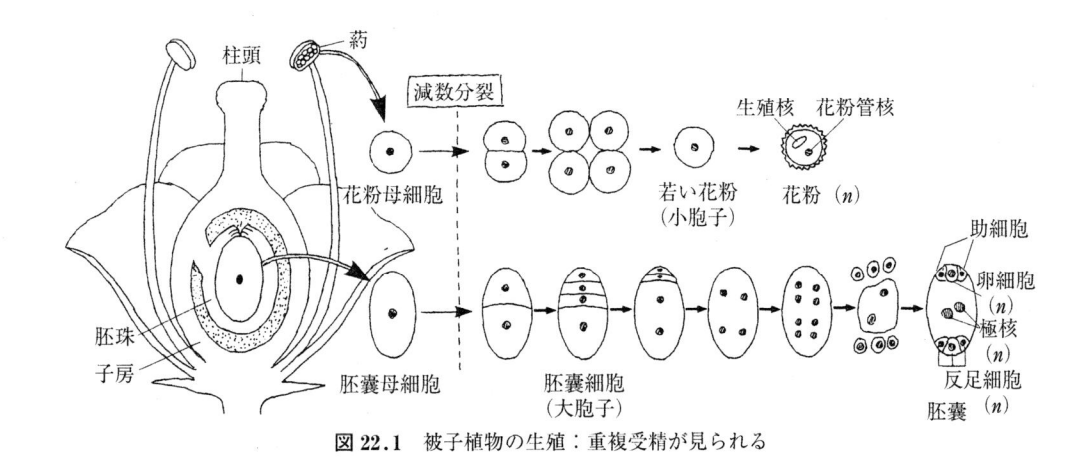

図 22.1 被子植物の生殖：重複受精が見られる

もつだけに単純化しているといえる．

　胚珠の中には胚嚢が形成されるが，胚嚢細胞（大胞子）は3回分裂して8個の細胞となる．このうち1個の細胞が卵細胞となり，両脇に2個の助細胞がつく．助細胞は造卵器だと考えられる．3個の細胞が卵細胞の反対側に陣取り，反足細胞と呼ばれるが，これが前葉体細胞であると考えられる．残りの2個が極核で，これは成熟すると近づいて中心核と呼ばれたりする．雌性の配偶体はこの8核で構成されるが，これは被子植物全体の70%以上の種に見られる現象で，これをタデ型または正常型の胚嚢という．残りの30%弱の種では，この型の変形とみなされる胚嚢形成を行い，細胞が4個のものや16個のものも知られている．しかし，いずれにしてもそこまで細胞数は減っており，他で見られないほど配偶体の単純化が進んでいる．

　花粉管から胚嚢に送り込まれた2個の精核のうち，1個は卵細胞と受精し，もう1個の精核は，2個の極核（が接近して1個の中心核に見える状態）に，独立に接合する．その結果，1個の二倍体核（受精卵）と1個の三倍体核が形成されることになるが，このように二つの接合が同時に生じる有性生殖を重複受精と呼ぶ．

　受精卵は卵割をくり返し，発生して胚となり，休眠状態に入る．一方，三倍体核の方は核分裂をくり返し，胚乳を形成する．胚は休眠を解くと成長を継続するが，胚の成長初期には胚乳の栄養分を利用し，やがて成長すると光合成を行って独立栄養の生活を始める．

花 の 進 化

　被子植物では花がまとまった構造をもつことがもうひとつの特性である．花軸に，下から順に，外花被（＝萼），内花被（＝花弁），雄蕊，雌蕊が配列され，それぞれの形態分化が進んでいる．モクレンなどのように花の要素が螺旋状に配列するものもあるが，より多くの被子植物では，花要素に3数性や5数性が確立している．

　これらの花の要素がどのような遺伝子に支配され，発現するかを調べると，MAD-box遺伝子という特殊な遺伝子がはたらいていることがわかった．この遺伝子には，A，B，Cの3群の遺伝子があることがわかり，これらの遺伝子のうち，Aのはたらきで外花被が，AとBがはたらいて内花被が，BとCがはたらいて雄蕊が，そしてCのはたらきで雌蕊が形成されることが確かめられた．ABCモデル（図22.2）と呼ばれるこの花の要素の遺伝子支配は最初シロイヌナズナを材料にして確認されたが，その後さまざまな植物でも確認され，被子植物の花に一般化される原理であることが確かめられた．多様に分化

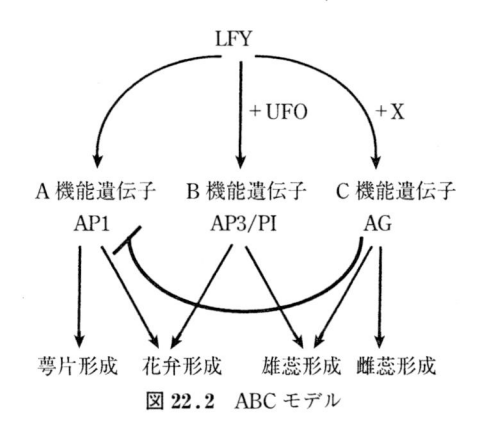

```
                              LFY
                   ┌───────────┼───────────┐
                   │         +UFO         +X
                   ▼           ▼           ▼
              A機能遺伝子   B機能遺伝子   C機能遺伝子
                AP1         AP3/PI        AG
                 │           │   │         │
                 ▼           ▼   ▼         ▼
              萼片形成    花弁形成  雄蕊形成  雌蕊形成
```
図 22.2　ABC モデル

している被子植物の花の形態形成が，普遍的で単純な原理に支配されていることは興味深い．

さらに，このMAD-box遺伝子は被子植物だけにあるのではなくて，裸子植物はおろか，シダ植物やコケ植物にも確認されている．シダ植物などで，この遺伝子がどういうはたらきをしているかはまだ解明されていない．しかし，花をつくる遺伝子は，被子植物の進化にともなって新しくつくられたものではなくて，被子植物の進化はこの遺伝子のはたらきが花を形成する方向に修正されて顕現されたということだったのである．新しい形質の進化が，すでにある遺伝子の活用によって実現するというのは，進化の秘密を明らかにする上で示唆に富む事実である．

═══════════════════Tea Time═══════════════════

花と胞子嚢穂

　花は種子植物の生殖器官である．しかし，裸子植物の花はシダ植物の胞子嚢穂と基本的には違わないという見方もある．花を，花被で飾られた構造と理解しようとすると，被子植物に限られることになる．ただ，化石も含めて裸子植物の生殖器官の多様性を追っていくと，花の定義も簡単なものではないという結論に落ち着くことになるだろう．

　種子植物の起源は，最初に種子を結んだ植物を突き止めることで確かめられる．花を被子植物の花と限定すれば，いったいいつ頃から花を咲かせる植物は生きていたのだろう．被子植物の起源についての研究も日進月歩である．花の化石としては，白亜紀初頭にはほぼ完全なものが発掘され，研究されている．花以外の形質も含めて考えれば，被子植物がジュラ紀に起源したことはほぼ間違いないだろう．

第22講　被子植物の起源と進化

マツの花　　　　　　　　　　　　タイサンボクの花

　花という言葉を広くとって，裸子植物の花まで拡大すると，その花は最初いつ頃に咲いたのだろう．これは，しかし，種子植物の起源を追うことになり，種子がいつから形成されたかという問題（第19講 Tea Time）と同じ問になる．

第23講

被子植物の系統

キーワード：単子葉植物　　双子葉植物　　草本と木本

　前講で述べた被子植物のさまざまな特性のうち，重複受精以外は他の植物群と共有することもある形質である．いずれも植物界では高度に特殊化した性質ではあるが，これらを被子植物段階の形質と表現はできるものの，だからといって，これらの特性を指標として被子植物が単系統の生物群だという根拠とできるものではない．しかし，重複受精とそれにともなう配偶体の極端な単純化は被子植物だけに見られるはなはだしい特殊化であり，それが多様な被子植物に普遍的に見られることから，被子植物の進化は単元的であったと推定される．このことは，最近の分子系統解析でも確かめられており，被子植物が単系統の群であることはほぼ間違いないといえる．

　被子植物には単子葉植物と双子葉植物が識別される．子葉が1本か2本かが区別の指標であるが，伝統的に使われてきたやや機械的な指標形質で認識される群ではあるけれども，この二つの群はどうやら別々に進化してきた系統群らしい．

単子葉植物

　最近では，系統群の名前には具体的な植物名を冠すべきであるとされ，単子葉植物をユリ綱と呼ぶことがある．現生種は約5万種が認知されており，多様な群ではあるが，系統的にはまとまった単系統群であると理解される．

　多くは草本であるが，大形になるヤシなどでも樹幹に形成層をつくって二次肥大成長をすることはない．茎には多数の維管束が散在する（不斉中心柱）．葉の脈理は平行脈と記載されるが，これは狭くなった葉面を一次脈が主脈と並んで走る状態を見ているもので，三次脈などが先端を結びあって網状脈をつくることでは双子葉植物の葉と違いはない．サトイモ科など，広い葉をつけるものでは，典型的な網状脈が見られる．

　花は基本的に3数性，花粉は単溝型かその変形である．子葉は1枚で，幼芽

は側生，最初につくられる根（主根）は短命で，側根が発達してひげ根となる．

単子葉類はふつう次の五つの系統群からなると整理される．

オモダカの仲間が先祖型だと推定される．水生，湿地性である上，原始的な形質を兼ね備えている．

ヤシ，タコノキ，サトイモの仲間も木本化したり，仏炎苞と呼ばれる特殊な花序をつくったりと，原始的な形質と特殊化した形質とが混在している．

ツユクサ類と呼ばれる群はイネ科，カヤツリグサ科という特殊化して多様化している大きな科を含む仲間で，虫媒花のツユクサ科と風媒花のイネ科などがある．

パイナップル，ショウガの仲間では，花は3数性の放射相称から左右相称，非相称，カンナのように不稔の雄蕊が花弁化するものがある．雌蕊は子房下位となる．

ユリの仲間には花の構造の特殊化が進んだラン科があり，昆虫などとの共進化による爆発的な多様化を遂げている．生活場所も，地上性からさまざまな型の着生まで，多様な環境条件に適応している．

双子葉植物

モクレン綱とも呼ばれ，植物のうち，地球上でもっとも多様化している群であり，現在十数万種が記録されている．

木本から草本まで，樹高70 mのフタバガキ科の樹木から全形数mmのアオウキクサまで大きさに変異があり，地上生から，水生，着生など，生活場所も多様，1年生草本（砂漠などでは水の得られるごく短期間に花を咲かせ結実する種もある）から多年生の木本など，見かけもそうだけれども，さまざまの形質の多様化ははなはだしく進んでいる．しかし，群全体としての単系統性は，最近の分子系統解析でも確かめられている．

かつては，花被が合着するかどうかを指標に離弁花類と合弁花類を識別したが，合弁花類の単系統性はおおかたの支持を得ているものの，最近では双子葉植物は下の7亜群に整理することが多い．

モクレン，クスノキ，コショウの仲間は螺旋状に配列する花要素や，無導管の種や，導管があっても原始的なものが多いほか，単型や1属だけを含む科が目立つなど，被子植物の始原型と結び付けて論じることが多い．

キンポウゲ，ケシの仲間には草本性のものが多く，原始的な群であるとされるが，雄蕊起源の花弁がはっきりしてくるなど，典型的な双子葉植物の性質が揃ってくる．

ヤマグルマ，マンサク，イラクサの仲間はブナやクルミなども含み，三溝型花粉をもつ真正の双子葉類であるが，花弁をもたないものも多い．

ナデシコ，タデの仲間は荒れ地や乾燥地に適応している群など，多様な環境に生きている種が含まれる．サボテンやメッセンの仲間もこの系統に属する．

ツバキ，スミレの仲間には，ツツジやカキなどの合弁花類も含まれる．この群を認めれば単系統群となるのかどうか，さらなる研究を必要とする．

バラ，マメの仲間は被子植物のうちでもっとも多様化している離弁花類で，6万種近くが認知されている．人間生活ともかかわりの深い群である．

キク，シソ，ナスなどの仲間はいわゆる合弁花類で，被子植物のうちでももっとも進んだ形質を備えていると理解される．多様化も進んでおり，約6万種が記録される．

被子植物の進化

被子植物がいつ頃何から進化してきたのか，まだ確認されていない．被子植物が白亜紀に優勢に生活していたことは豊富な化石の証拠に裏づけられた確かな事実であるし，白亜紀のはじめには現生の被子植物の主な系統群は分化していたという確実な化石の証拠がある．

しかし，被子植物の起源を訪ねるとすると，化石のどの性質を証拠に被子植物と同定するかという問題が生じる．被子植物は重複受精を行い，極端に単純化した配偶体をもつ植物群だと述べたが，重複受精という現象も配偶体も，化石には残り難い形質である．これらを指標にして被子植物の起源を探ることは絶望的に難しい．ということになれば，被子植物段階に達したさまざまな形質を複合してもっている化石を手がかりにして，被子植物の起源を探ることにせざるをえない．少なくとも，今の手法，認識でいえば，化石によるしっかりした証拠がないと，系統群の起源を実証したとはいえないからである．現生の被子植物と比較できる化石が豊富に出てくれば，確実な同定に基づいた証拠を積み上げることができるが，どんな姿だったか確認されていない初期の植物を，化石に残っているかどうかも定かでない形質を手がかりに探ろうというのだから，実証を得るには困難のともなう作業である．

それでも，さまざまな状況証拠の集積から，今では被子植物の起源はジュラ紀にさかのぼるという見解が優勢となっている．研究者によっては，三畳紀に起源したと主張する人もある．しかし，これらはそれぞれ論拠のある学説とはいえても，実証が得られているわけではなく，定説というにはほど遠いものである．

同じように，被子植物の先祖型が何かもわかっていない．祖先型が裸子植物

であることは疑いがない．しかし，裸子植物のどの群から被子植物が進化してきたかについては，裸子植物のあらゆる系統を祖先型とする説が提唱されており，結論を得るためにはさまざまな証拠の確認が待たれる．被子性につながる形質があるということからカイトニアが先祖型に擬せられることもあるし，グネツム類の有性生殖の様式が被子植物のそれにつながるものだとして近縁性を主張する考えもある．

===== Tea Time =====

トクサとタケ

　褐藻類から陸上植物の進化の中間段階だといってタラシノフィータという群を想定した意見を出したチャーチ（1917）の考えは，20世紀前半のうちに批判され，消えてしまった．

　同じように，見かけの似ているタケとトクサを結び付け，20世紀後半になってからもタケはトクサから進化してきたという考えを述べる人があった．どちらも，茎に節と節間がはっきり見え，トクサの茎を巨大化すればタケのように見えなくはない．そのような対比なら，裸子植物のマオウも同じ類に含まれるかもしれない．

　自然分類に対して，人為分類という方法があり，わかりやすく便利な識別法を使って分類すれば自然の系統関係に即さない人為的な分類になってしまうと説明されることがある．トクサとタケ（とマオウ）を一群にまとめようという

トクサ（左）とタケ（右）

考えはそのような例である．

　現在までにおおかたの合意を得ている系統樹によると，トクサはトクサ類（有節植物）で，維管束植物のうちで，大葉性ではあるが，他のシダ植物や種子植物の系統とはもっと早く（デボン紀には）分化したものと理解される．マオウは裸子植物の系統のひとつで，花の構造が進んでいるので被子植物との関係が論じられることはあるものの，重複受精を完成させた被子植物の系統とは別物と考えられている．そして，タケは典型的な被子植物（の単子葉植物）の1種で，あらゆる形質を取り上げても，被子植物でないという論拠は成立しない．トクサとタケ（とマオウ）の茎の見かけの類似は形質の並行進化がもたらしたものであって，これらの間に系統の近似性は認められないのである．もっとも，これも現在の科学の情報に基づけば，という条件付きであり，系統についていえば，すべての形質について検討が加えられたわけではなく，100%確認できるのはもっと将来のことである．

第24講

被子植物の多様性

キーワード：種分化　環境への適応　共進化

　被子植物は陸上でもっとも多様に分化した植物群である．現在までに20数万種が認知されており，さらに種数は増えると推定されている．被子植物が，他の植物群よりも格段に多様化し，地球表層で優占して生活場所を拡大することになったのはどういう事実に支えられてのことだったか．この理由はいろいろと数え上げられるだろうし，単一の理由ではなくて多くの条件が複合して顕現した事実であることは間違いないが，ここでは2, 3の例を取り上げて紹介することにしよう．

裸子植物と被子植物

　植物の酸素発生型光合成で放出された分子状酸素が大気中で一定の割合に達し，成層圏にオゾン層が形成されたために，宇宙から飛来する紫外線などが生命現象への危険な影響（とりわけDNA分子に与える損傷など）が防がれることになって，生物の陸上への進出が始まった．陸上は植物にとっては太陽エネルギーを効率よく受容できる場所であるし，動物にとっては行動の自由がより大きく保障される場所である．

　ただし，水の中で発生し，長い間水の中で暮らすように進化してきた生物が陸上へ進出した初期には，陸上に適応するためのさまざまな条件が克服される必要があった．維管束植物の進化（第11, 14講参照）は，陸上生活への適応に関しての植物の成功物語だったといえる．

　陸上植物にとって，栄養器官の水への対応は，維管束植物の進化によって，基本的には達成されていた．しかし，生殖，とりわけ有性生殖を営むためには，水の存在が不可欠だった．生物にとって，2個の配偶子の合体は水の中で行うのが基本なのである．だから，シダ植物やコケ植物では，造卵器は，ごくわずかの量であっても，露ほどの水を必要とし，そこにリンゴ酸などの不飽和脂肪酸を放出して精子を誘引し，有性生殖の演出の場を確保しているのであ

る．（動物がどうやって卵と精子の接合のための場を確保しているかは，陸上へ進出した動物の生殖器官の進化の道筋をあとづけて学んでほしい．）

　配偶体を胞子体の花器官のうちに育て上げ，雌蕊の組織のうちで卵細胞と精子（やがて精核だけに単純化する）の接合に成功した植物が，裸子植物として進化してきた．水の乏しい内陸へ向けて，裸子植物の生活場所は，その生殖法の進化に合わせて拡大していった．

　どの系統かまだ明らかにされてはいないが，その裸子植物の1系統に，重複受精と呼ぶ有性生殖の特殊な方法が確立された．この生殖法の獲得によって，地球上に姿を現すことになった被子植物は，植物の生殖と水との関連をもっと希薄にすることを可能とし，植物の生活場所をさらに拡大した．

　被子植物は草本性のかたちを作り上げ，1年生の生活を作り上げることによって，世代の循環を早め，集団の遺伝的変異の確立を促進した．なぜ裸子植物には草本が進化せず，被子植物になってから草本が進化してきたのか，まだ答が得られていない疑問である．いずれにしても多様な環境に適応して多様な生きざまを示すようになったのは被子植物が進化してきてからのことである．種子植物の生き方を確立していても，裸子植物段階ではまだ水に固執し，だから，生活場所が限られていたために，多様な環境に適応して多様化するということが徹底できていなかったのかもしれない．

種の多様性

　被子植物が多様な環境に適応し，分化してきたのは白亜紀以後の地球環境の多様化に影響されていたことは事実だろう．また，陸上生活に定着してきた動物の多様化も無関係ではない．そのような時期に，水とのかかわりを希薄にすることに成功した被子植物だけが極端に多様化する機会を得ていた．

　地球表層に生じた地形の多様化に応じて，陸上で生活する被子植物の生活型は水の中，湿地，陸上，岩上から，他の植物への着生まで，多様となった．これは裸子植物には見られないことであるが，かえって，白亜紀以後に多様化しているシダ類（狭義，第18講参照）にも被子植物と比べられるくらい多様な生活型が見られる．また，個体の寿命を短くし，世代の回転を促進することで，生活史特性を適応的に変動させ，多様な生きざまの演出に成功した．世代の更新を促進することは，集団内に蓄積される遺伝子多様性を種の進化に向けてはたらかせる速度を早めることにもつながった．

　森林の中で多様化する機会がもっとも大きいことは，現在においても熱帯雨林や照葉樹林など，緑豊かな森林は生物多様性に富んだ場所であることから明らかである．しかし，同時に，植物の生存条件にとって厳しい場所に適応して

分化する植物たちも多様である．塩水に耐えて沿岸や河口に適応する植物（マングローブやアマモなど），水が極端に欠乏する砂漠などに適応する植物（サボテンやメッセンなど），極地や高山などの厳しい環境に適応する植物など，さまざまな環境に対応した生きざまを演じる被子植物たちが，この群の多様化を演出しているのである．

　いずれにしても，被子植物は生活環を通じて水の欠乏に多少耐えられる体制を整えた植物であり，適応できる生活環境の幅は他のどの植物群よりも広くなった．一方，被子植物が進化してきた頃から，造山活動などの地球表層の変動によって，無機環境も多様になってきた．多様な環境に適応するためには，種分化の速度を速めると都合がよい．世代の長さを短くし，集団内での遺伝子多様性の確立の速度を速めることが，種多様性を増大するのに効果があった．このようにさまざまな条件を整えることになった被子植物が，他のどの植物群よりも多様な種を生み出すことができたのだった．

昆虫と花との共進化

　被子植物の種の多様化については，訪花昆虫など，花粉を媒介する動物たちと相互に関係をもちながら進化してきた共進化がきわめて特徴的である．種分化を促進した現象の一例として紹介しよう．

　被子植物は花粉をつくり，雌蕊に運んで有性生殖のお膳立てをする．この際，同じ花の中で受粉（自花受粉，結果は自殖することになる）するよりも，他の個体の花の雌蕊を選んだ方が他殖につながって，集団内の遺伝子交流には都合がよい．花粉は自力で花粉管（雄性配偶体）を形成し精子（精核）を卵細胞に送り込む必要があることから，それだけの作業を支えるに足る養分を備えている．養分の塊としての花粉を，動物が放っておくことはない．餌としての花粉を集める昆虫が現れる．しかし，植物にしてみれば，一方的に搾取されるだけでは生きていけないし，資源の提供者である植物が死滅してしまったのでは昆虫も生きていけなくなる．

　昆虫がある花で花粉を集め，もっと稼ぐためにさらに別の花を訪れると，次の花にはじめの花の花粉をいくつかは落としていくことになる．もし，同じ種の花を訪問するならば，運ばれた花粉は無事に同種の他個体に移され，他殖が成立する．このような機会は植物にとっても訪花昆虫にとってもよい結果をもたらす．そこで，花の方は訪れる昆虫を特定するために，花のかたち，花弁の色，匂い，などを種特異的にする．昆虫も特定の花だけを訪れることにし，他の昆虫がやってこないということになると，安心して資源の獲得ができる．このようにして，植物の種の特性がはっきりし，仲間としての昆虫が決まってく

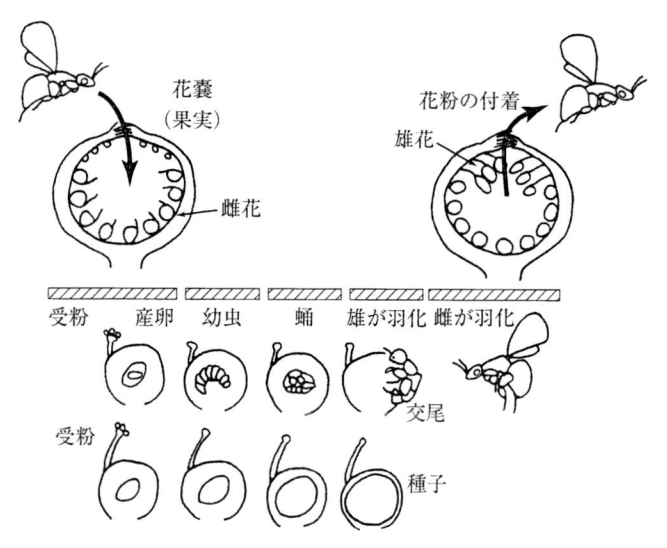

図 24.1 イチジクとイチジクコバチの共生関係模式図

る．こうなれば，特定の昆虫と特定の花がお互いに依存しあって特別の関係をつくり上げるのだから，植物の側も昆虫の側も，極端に多様化が進むことになる．被子植物の種多様性と昆虫の種多様性の間には，このような共進化に基づくものがあることは注目に値する．

　ダーウィンがすでに花と昆虫の共進化を論じているが，ここでは，特別なかたちのランの花と，それに合うように特別な口吻のかたちを進化させてきた昆虫との共進化が話題とされているのである．花と口吻がお互いだけに適合するように進化してきたランと昆虫は，お互いなしには生きていけない状況におかれている．

　最近では，イチジク属の花序と，そこへ潜り込んで共生するイチジクコバチの仲間の共進化が，植物の系統進化と昆虫の系統進化がきっちり対応することを示す分子系統解析で明らかにされたような例もある（図 24.1）．

═══════════════════ Tea Time ═══════════════════

カワゴケソウ

　生物体全体が単純化するという退行進化の典型的な例にカワゴケソウをあげることができる．カワゴケソウ科は世界で 50 属弱，約 270 種が知られる大きな科であり，日本にも，九州南部に 2 属 7 種が知られている．

　清流の川床に適応して特殊化した植物で，根が変形した葉状体が主体になる

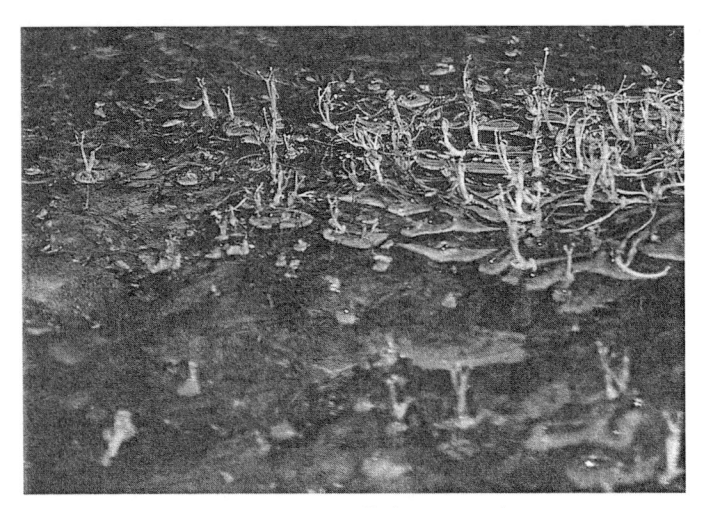

カワゴケソウの1種（ラオスにて）

ところまで単純化したものから，茎や葉がわずかに認められるものまである．極端に特殊化しており，また，種分化は急速に進んでいるようで，特定の水系・地域に固有の種が多い．科全体の特殊化と種の分化の特異性など，研究材料としては興味深い植物である．

　日本で最初にカワゴケソウが見つかった事情には愉快な裏話がある．京都大学の郡場寛研究室で，大正末に開かれた太平洋学術会議の紹介があった際，カワゴケソウ科の特性に関する報告が話題になり，異国にはこのような特異な植物があると紹介されたそうである．その時，鹿児島出身だった当時まだ学生の今村駿一郎（1903-1996）が，「そのような植物ならうちの田舎の川にも生えている」と発言したのに，「これは熱帯の特殊な環境にだけ生えるもので，日本にあるはずがない」と紹介した先輩が否定したのを，郡場が「本当かどうかはその植物の現物を見ればわかるではないか」と述べ，次の休暇で帰省した今村が採集してきた材料で，確かにカワゴケソウ科の植物であることが確認されたというのである．

　植物の開花ホルモンの研究で大きな成果をあげた今村は，定年退官後，カワゴケソウの特性に関心を取り戻し，これからの生物学の研究材料として貴重なものだから是非栽培法を確立したいといって，私たちの研究室へ訪ねてこられ，いろいろな試みをされたが，結局志を達しないままに亡くなられた．その後，日本でもカワゴケソウの研究に成果が見られてはいるものの，種分化の解析のモデル生物として有効に活用されていないのは残念である．

第25講

被子植物と人

キーワード：園芸植物　食用植物　育種

　被子植物は地球上でもっとも多様に分化した植物群である．と同時に，人とのかかわりがもっとも深く，多様であるのもこの群である．人は動物としてのヒトから文化を備えた人に進化して，ますます植物たちとの交流を密にしている．しかし，生物多様性をひっくるめて，人間環境の一部と呼ぶように，今ではすべての生物は人間が生きていくための環境の要素であると考えられているのである．元来，生物は同じ仲間として進化してきた仲間であり，地球上のすべての生物は共同して生命系という生を構成しているものであるが，文化をもつようになった人の概念では，人以外の生物はすべて人の環境を構成する要素とみなされるようになったのである．

鑑　賞　植　物

　美しいかたち，見事な色彩，好ましい芳香，花に寄せる人の好みはこれらに惹き付けられてのことである．しかし，花の美しさは，決して人に向けてつくられたものではなく，彼らの生きるための必要が育てたものである．（もっとも，最近になって，その花の進化の上にのっかって，人の都合に合わせた花がいろいろ作出されてはいるが，これは花にとっては好ましいことなのかどうか．）

　花が美しいと感動した最初の人は誰だったか．これは今から歴史をたどってみても正確にあとづけることのできない永遠の謎だろう．ヒト以外の動物も，花を識別し，正確な同定を行う．正しい同定に失敗すると，餌になる植物を識別できなくなってしまうし，毒を喰ってしまうかもしれない．（牧場ではワラビを食べない牛が，刈り取って牛舎で与える餌にまぜると食べてしまう．ワラビを食べた牛は膀胱癌にかかりやすいが，牧場では牛はワラビを識別して食べない．）しかし，美しいバラの花の傍で，牛がうっとりとバラを見つめ，モーと唱ったという話は聞いたことがない．牛などの動物は生を支えるためのエネ

ルギー源などとしての植物には目ざとくても，それを美しいと感得するのではないのである．花の美に感動し，詩的感興をもつのはどうやら人だけらしい．知的活動を始めた人は花の美に触発されて芸術的，宗教的感動を得る．それだけでなく，花の不思議に魅せられて，科学的好奇心まで抱いてしまう．このようにして，被子植物（だけではないが）に知的に接触してきた人は，花を鑑賞し，庭園や植物園で栽培を始める．経済植物を栽培し，必要な品種を作出する行為と並行して植物を利用してきた人の活動である．

コケ植物は日本庭園では大切な要素であるし，シダや裸子植物も栽培植物として観賞用に利用される．しかし，園芸植物ということになると，圧倒的に被子植物が多く，とてもすべてに触れていることはできない．鑑賞植物などの課題は，このシリーズの『植物と人 30 講』で取り上げる予定であり，詳しくはそちらを参照してほしい．

花を鑑賞する場所としては植物園などの施設があるが，植物園の歴史をたどってみると，多くは王侯貴族の庭園か，薬用植物園に起源するようである．薬用植物園は役にたつ植物を栽培していた場所で，農場などに準ずる施設かもしれない．庭園としては，プラトンのアカデミアの庭園に，すでに多様な植物が植えられていたという．アカデミアの庭園で，緑に囲まれながら，そぞろ歩きを哲学の場としていたのだろうか．花の美に感動し，花の不思議に科学的好奇心をかき立てられる人の行動は，すでにアテネの時代に確立していたことのようである．

経済植物（有用植物）

経済植物といえば，まず人のエネルギー源として，食物になる植物が考えられる．人は，一次生産者である植物から直接に，または，植物からエネルギーを転位されたほかの動物たちを通じて，活動のためのエネルギーを，結局は植物から得ている．

20 万種以上に多様に分化している被子植物であるが，そのうち，人が主要なエネルギー源として直接食料に活用しているのはせいぜい 400 種程度であると数えられる．さらに国連食糧農業機関（FAO）の統計によると，イネ，コムギ，トウモロコシの 3 種で全体の 60% は賄われているし，それにジャガイモ，サツマイモ，ダイズなどと上位 20 種まであげていくと，80% のエネルギーを超えるという．

もっとも，食用といっても，エネルギー源だけでなく，嗜好品として摂取し，食欲増進に利用するものも多い．果物はともかく，コーヒーやお茶などの原材料となる植物の消費量は大きいし，スパイス類などは使用される種数は結

構多様である．喫煙の習慣は減りつつあるといっても，毎年消費されるタバコの葉も膨大な量に達する．世界的に大量に利用されるもののほかに，地域で利用される特殊な種を数え上げればこれも相当な種数にのぼることだろう．

　これらの被子植物を並べてみると，新旧両大陸原産の植物が混在する．新世界原産のジャガイモ，トウモロコシ，トウガラシなどのない旧世界の食膳など，今では考えられもしない．食後の一服も，15世紀までの旧世界ではどうしていたのだろう．人の食文化の歴史をいつからと設定するかは知らないが，ヨーロッパのジャガイモ，韓国やタイのトウガラシなどを考えると，16世紀以後になってこれだけの変化が刻まれたということは，現在の文化がいかに東西交流の結果を踏まえたものであるかを考えさせられる．人と被子植物の付き合いのグローバル化時代は今に始まったことではない．

　人と植物の関係を，文化の多様性という視点で解く試みが行われることがある．しかし，人の食文化に関していえば，現在地域特性があると考えられている食生活の多くの部分で，少なくとも食材に関しては，東西交流など，他の地域の文化に多かれ少なかれ影響されている．しかも，文化の交流は，太古に見られたものだけではなく，比較的新しい時代に確立しているものが多いが，それをさえ地域の特性であると断じてしまうことの危険を感じないわけにはいかない．

　経済植物といえば，エネルギー源としての食用だけでなく，衣料や住宅に利用されるものも多い．衣料はかつてはワタやアサなど直接植物を原料としたもの，絹のように，クワを食べさせて得るものなど，植物に依存するものが多かった．今では化繊が圧倒的に多いが，これだって元は石油，化石時代の生物である．ゴムも，ごく最近まで天然ゴムが主体だった．住宅は，とりわけ木造建築の日本では植物に依存する部分が大きい．建物そのものだけでなく，家具も，ふとん（ワタなど），畳（イグサやワラ）など，被子植物なしにやっていけるものはない．毛布は毛からつくるが，放牧される羊が餌にするのはもっぱら被子植物である．

　薬品も，一時は化学製品で純粋なものをつくるのを最善としたが，今では生薬が改めて見直され，薬用植物の価値が再評価され始めている．生薬の材料は被子植物に限るものでないものの，圧倒的に多くが被子植物起源である．今でも，大学の薬学部には附属の植物園を設置することが規定されているように，薬と植物の関係は不即不離である．

　紙の原料に使われるのも木材繊維だし，そのための木材の過剰な伐採が環境問題のひとつの焦点となっている．学習用具だけでなく，子どもの遊具も植物起源のものが少なくない．直接エネルギーのもとになる薪炭材なども，石炭，

石油，ガス，電力などに置き換わっているとはいうものの，太古の植物がかかわっている部分は少なくない．人間の生活環境をつくる緑にまで言及すれば，これはもう経済植物という言葉が示唆する範囲を超えるかもしれない．

═══════════ **Tea Time** ═══════════

ムニンノボタン

　絶滅の危機に瀕する生物種を自生地で生き返らせようという試みは，国内外で，いろいろの種を対象に進められている．地球規模ではパンダや，国内ではトキやコウノトリの例が著名である．

　日本の植物で施設内増殖が図られ，自生地への植え戻しに成功した例として，ムニンノボタンは典型的であり，この種は関係者の間で絶滅危惧種の象徴のように扱われたことさえある．

　これは東京大学附属植物園で下園文雄（1941–）を中心として進められた事業で，自生地の東京都小笠原支庁や小笠原諸島で自然保護に取り組んでいる人たちの全面的な協力を得たものだった．事業が成功した経過を紹介する紙幅に欠けるが，ある時期たった1株にまで追い詰められたと思われていたこの種を，どのように慎重に再生させたか，そのためにどんな研究が必要だったか，それを自生地に植え戻してからどのような管理を必要としたか，植え戻した自生地で生活環を完結するまでにどのような情報を活用したか，いろいろなところで紹介されてきた．下園文雄・岩槻邦男『滅びゆく植物を救う科学——ムニンノボタンを小笠原に復元する試み』（研成社，1989）もその初期の活動を紹介した例である．

　ムニンノボタンの自生地への回復の事業が成功したように，絶滅危惧種に対する対策は日本では着々と進められている．しかし，自然に対する人の営為は

ムニンノボタンの花

絶えることがないものであるし，絶滅の危機に追いやられる動植物もあとを断たないはずである．保全のためにも，資源利用のためにも，潜在遺伝子資源でもある野生の動植物種についての諸情報を早急に収集する必要性はますます高まっているといえる．

第26講

菌類の起源と進化

キーワード：真菌類　菌糸　分解

　菌類の範囲をどう理解するかは論議の的である．しかし，第7講で触れたように，菌類と呼ばれる生物群のうち，真菌類が系統的にまとまった群であることには疑問がない．

　菌類という言い方をする場合，細菌類（バクテリア）も歴史的には広義の菌類に含められていた．原核生物である細菌類は，今では真菌類とは直接系統的につながった生物だとは理解されない．同じように，変形菌類とか，ミズカビとか，菌とかカビという名で呼ばれている生物群も，動かないで従属栄養の生物をひとまとめに菌類と呼んでいた頃の呼び方を今に引き継いで菌類といっているだけで，逆に，証拠を示して，これらの群が真菌類と系統的に近縁であると指摘されたこともない．実際，これらの生物群についての系統関係については，まだ研究がその緒についたところだと認識しておく必要がある．

　現在の生物学の情報を総合すると，真菌類が生物の世界で独立の界を構成する群であると認知することになる．そう理解すれば，真菌類は生物界の物質循環のうち分解者としての役割を担うものと理解しやすい．以下の第26～30講では真菌類とはどういう生物かを紹介しよう．

真菌類の起源

　真菌類とはどういう生物群だろうか，主な特徴を整理してみよう．1）菌体は多細胞体で，菌糸の集合体であり，子実体（キノコ）をつくる際も，組織や器官と呼ぶべき構造は整わない，2）有性生殖は菌糸の接合（体細胞接合）により，卵細胞や精子などの配偶子はつくらない，3）減数分裂の結果つくられる胞子は，子嚢胞子や担子胞子などと呼ばれ，特有の胞子嚢（子嚢や担子柄）内につくられる，4）細胞には細胞壁があるが，主成分はキチンで，（植物に見るような）セルロースではない．5）器物に固着して生活し，多くの動物のように，多細胞体の個体全体が運動性（移動能力）をもつことはない．これらの

特徴を総合すると，動物とも植物とも違った性格がはっきりしてくる．かつては，定着生活をして動かない，細胞には細胞壁がある，生活環のうちで胞子（無性生殖細胞）をつくる，などの特徴をまとめて，植物の一群とみなされていた．しかし，細胞壁は植物のものと異なった成分でできており，胞子と呼ぶ生殖細胞も植物の胞子とはずいぶん異なった性質のものであって，細胞壁や胞子と包括される構造を共有するからといって近縁性を示唆することは難しいことが確かめられた．定着した生活をするという点でも，無脊椎動物には固着生活をするものはめずらしくない．

　これらの事実を整理すると，真菌類は動物，植物と並立する特殊化した真核生物の一群とみなすことができる．葉緑体をもつ植物は真核生物が進化してからまもなく分化してきたと推定され，多細胞体をつくる動物の起源も少なくとも10億年より前と推定する根拠がある．事実，オーストラリアの10億年前のチャート層から，もっとも古い多細胞生物化石として，真菌類と同定できる2種が発見されている．しかし，これらの断片的な傍証があるとはいえ，菌類の起源はいつ頃で，どのような生物を母型としているのか，ほとんどわかってはいない．

　10億年前の地球表層を考えるなら，菌類の祖先型も単細胞の原生生物のうちに求めなければならないだろうから，現生の生物でいえば，偽菌類か原生動物に同定されるある種のものから進化してきたと推定せざるをえない．水圏でも生産者である植物（＝藻類）と消費者である動物だけが生活しているわけではないだろうから，分解者としての菌類もある時期からは水圏で活動していたと推定される．実際，植物と動物が相次いで陸上へ進出した4億年少し前の頃，菌類も水中から陸上へ進出したとみなす証拠が示されている．おそらく水中で，10億年かそれより前に，真菌類の進化が行われた，と推定することに問題はない．

消費と分解

　酸素発生型光合成をする植物（藻類を含む）は太陽エネルギーを有機物質のかたちにして貯蔵するはたらきをし，生物界における生産者と定義される．合成された有機物からエネルギーを発現させて生活をするのは，植物自身を含めてすべての生物に普遍的な現象である．

　動物や菌類は，有機物合成をせず，植物が合成した有機物を摂取し，取り入れた有機物に依存して生活を営む．植物も生活をする上で異化は（動物たちと同じように）行っているのだが，光合成によって同化（＝生産）する有機物の量と異化によって消費する量とを相殺すると，生産量の方が上回るので，植物

を生産者というのである．植物が，自分が使用する以上の有機物の量を合成する理由は何か，単純に決められることではない．過剰の合成物を，現生の植物はそれぞれに活用しているが，現生の生物が活用している理由がそのまま植物の始源型の生活と同じということはない．

　生産者である植物に対して，従属栄養の生活をする動物や菌類は，有機物の生産に貢献することはない．生産，分解，消費の生活の型の分担は，生物が地球上に姿を見せた初期の頃からできあがっていたものと推定される．生物進化の初期にできあがったそのような作業の分担が，今生きている生物にとっても有効にはたらきあっているのは，生物進化に見る妙味の最たるものということができる．

　動物は植物を一次生産者とする食物連鎖の上位に位置し，有機物を消費して生活する消費者であるが，菌類は主として動植物の死体に依存し，死体の有機物を利用するので，有機物の堆積を清掃する分解者としての役割を果たしていると説明したのはホイタカー（1969）だった．しかし，この区別は難しい．動物のうちにも，死体の有機物だけに依存するものは少なくない．禿鷹は砂漠の清掃者などといわれるし，土壌動物のうちには腐葉など動植物の死体に依存するものが多い．熱帯の森林で野宿すると，夜を徹してがさごそと音が聞こえてくるが，これは昆虫が落葉を食べている音らしい．実際熱帯林の林床は彼らのはたらきできれいに清掃され，腐葉土が大量に蓄積することはない．このように，生物の死体に有機物を依存し，清掃者（＝分解者）としての生活を営む動物も決してめずらしくはない．

　一方，菌類のうちにも生きた生物に寄生し，生きた生物を消費する生き方をするものも少なくない．だから，消費者と分解者を明確に区別することはできない．消費は分解することによって可能になっているし，生きている生物を摂取することも，死体を補食するのと同じくらい清掃の役割を果たしているといえるだろう．ただし，動物，植物と対比させて菌類とは何かを説明するにはこの図式はわかりやすいので，最近でも植物＝生産者，動物＝消費者，菌類＝分解者，という説明は教科書的に広く使われている（図26.1）．

真菌類の生活

　真菌類のうちで一番わかりやすい生活型は腐生生活をする腐生菌で，カビの多くのほか，最近では食用に普及しているシイタケ，エノキダケなどの例がある．生きている動植物から栄養を摂取する寄生生活をする例にはサビビョウキンやイモチビョウキンなど，植物の病原菌が多く，人体に寄生して水虫を起こす菌類などもある．地衣を構成する共生菌のほか，マツタケなども松の根につ

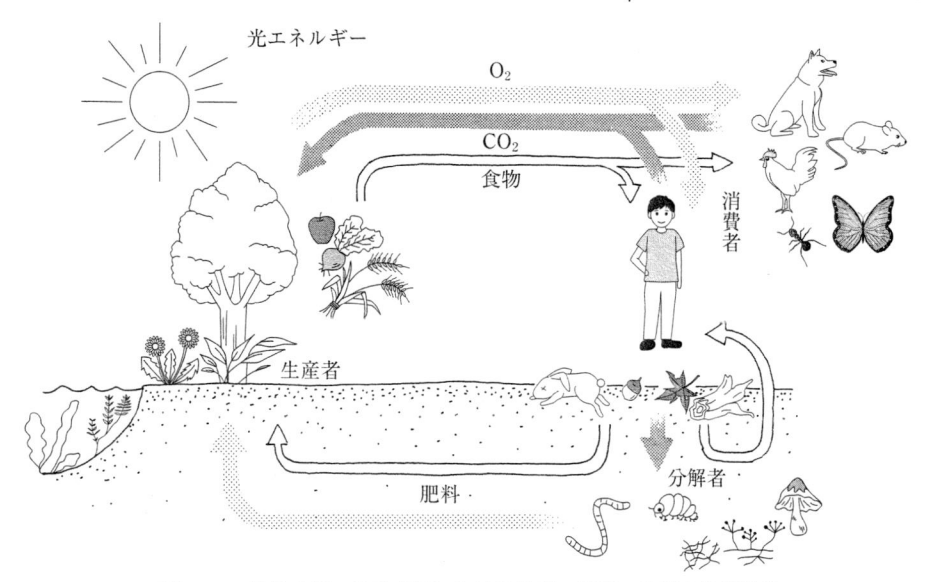

図 26.1　生物 3 界の地球表層における生産，消費，分解の役割分担

いて共生生活を行っている菌根菌である．アリと共生するキノコも知られている．

　菌類の生活場所としては，地上や他の動植物体上がよく知られた場所であるが，水中にはミズカビのほか，水生不完全菌などと呼ばれる菌類もある．また，光のないところでも生活できることから，深い洞穴の中や，土壌中でも，有機物のあるところには生活場所を展開することができる．胞子以外では空中を飛ぶ菌類はないとしても，菌類の生活場所は地球表層のあらゆる場所と整理することができる．

真菌類の多様性

　真菌類はこれまでに 5 万種弱が認知されているが，これは実際地球上に生きている種のごく一部で，これから研究が進めば 150 万種以上も発見されることになるだろうというのが関係者の推定である．ということは，現在の科学が種として識別し，認知しているのは真菌類のごく一部，せいぜい 3% そこそこだというのである．現在の時点では，名前をつけるだけの範囲でもそれくらい限られた情報量しかないという前提で，真菌類の多様性とは何かを考えてみることになる．

　上に定義したような真菌類を取り上げることにすると，真菌類にはツボカビ類，接合菌類，子嚢菌類，担子菌類の 4 群が認識され，付属に，有性生殖器官がなくてどの群に属するかは確定できないが真菌類であることは間違いない不

表 26.1 真菌類の分類

1.	ツボカビ類	ツボカビ，カワリミズカビなど
2.	接合菌類	ハエカビ，ケカビ，クモスノカビなど
3.	子嚢菌類	冬虫夏草，アミガサタケ，アカパンカビ，バッカクキンなど
4.	担子菌類	サビキン，サルノコシカケ，マツタケ，ショウロなど
5.	不完全菌類	アオカビ，コウジカビなど
6.	地衣類	ウメノキゴケ，リトマスゴケ，イワタケなど

完全菌類，それと，藻類と共生体をつくるように進化を遂げた地衣類とが加わることになる．

菌類の場合，その起源についてほとんど確認される情報がないのと同じように，分類される系統群の間の系統関係もまだ確かめられてはいない．分子系統解析のデータでは，ツボカビ類と接合菌類がひとつのクレード（進化のみちすじが同じであった．系統）をつくり，子嚢菌類と担子菌類がもうひとつのクレードをつくって，両者が近縁関係にあり，原生動物のあるものと系統的につながるとされている．もっと広い意味では，動物と共通の祖先型をもつのかもしれないが，偽菌類と総称される系統のどれとも特別の近縁関係はたどれないようである．

真菌類の種分化の解析も進んでいるとはいえない．しかし，一方では，未知の有用資源の宝庫かもしれないとして真菌類の多様性に注目が注がれてもいる．研究が求められている系統群である．

現在整理されている真菌類の分類体系を表 26.1 に整理しておこう．

═══════════ Tea Time ═══════════

カビとキノコ

カビとかキノコとかいうのは生物学の用語というよりも，一般用語と理解した方がよい．

カビは外生の分生子（＝胞子嚢）がたくさん集まって胞子を飛ばす状態になったもので，子嚢菌類にふつうに見られる状態である．カビを生じる菌類では，菌糸は目立たないので，カビと呼ばれる部分だけが突然生じたように見える．

菌類だから，有機物の塊に生じることが多い．食品にカビが生じると，その食品が古くなったことを示すし，菌糸が取りつくことで有機物が変質することがあり，食品としての品質を失してしまう．カビが生えたから捨てましょう，ということになり，カビは悪者にされる．梅雨のじめじめした季節にカビが発

生することが多いのも，カビが嫌われる理由のひとつかもしれない．しかし，アオカビからペニシリンが製造されるように，カビを生じる菌類にも有用なものが少なくない．未知の有用資源があると推定され，潜在遺伝子資源としてもっとも注目を集めている生物群でもある．

　キノコは菌糸が寄り集まって子実体をつくった状態である．担子菌類では，子実体に担子柄をつけ，胞子生殖を全うする．しかし，子実体をつくる子嚢菌類もあり，キノコは担子菌類だけに見るものではない．

　キノコは一般に美しい色彩を呈していて，とりわけ秋の季節によく目立つ．しかし，キノコの華美な色彩はいったい何のためのものだろうか．花の色彩は訪花昆虫を惹き付けるためのものであることは確証されているが，キノコの色彩の生物学については確かな証拠を整えた説明をまだ聞かない．

第 27 講

接合菌類と不完全菌類

キーワード：ツボカビ類　接合菌類　不完全菌類　生殖器官

　真菌類といえば，子嚢菌類と担子菌類が話題になる．この二つの群はそれぞれ第 28 講と第 29 講で概観することにし，ここではそれ以外の真菌類を取り上げよう．

ツボカビ類

　栄養細胞には細胞壁があり，細胞壁の成分はキチン（＋グルカン），運動性のない単細胞体か管状菌糸体である点は真菌類に典型的な特徴である．しかし，有性生殖は配偶子生殖で，動配偶子には後端に 1 本の尾状の鞭毛がつく．真菌類のうちでは，鞭毛をもつ遊走子をつくるのはこの類だけである．同形接合のものもあるが，卵と精子による受精を行うものもある点は，他の真菌類と異なっている．しかし，系統的にも接合菌類に近縁であることは確かめられており，真菌類もこのような性質をもって進化してきたものから今の特殊な形質を派生させたということを伺わせる．

　生活環は単相世代だけのもの，複相世代だけのものもあるが，単複相環で世代の交代を演出するものもある．カワリミズカビなど 100 余属 800 種ほどが記録されている．池水中や土壌中に生活するものが多く，小形の菌類である．

　分子系統解析で，10 億年から 12 億年前に起源した真菌類の祖先型はツボカビ類か接合菌類だったと推定されるが，いずれも化石に残ることが期待されない生物群だから，確認には手間取ることになるかもしれない．

　クズの葉について赤渋病を起こす病原菌などもあるが，人の暮らしとかかわりの深い種はないらしい．そのこともあってか，研究の遅れている群である．

接合菌類

　菌糸が伸びた栄養体にも生殖細胞にもキチンとキトサンを主成分とする細胞壁があり，運動性を欠く．菌体は管状菌糸体で，多核体の細胞が体細胞接合を

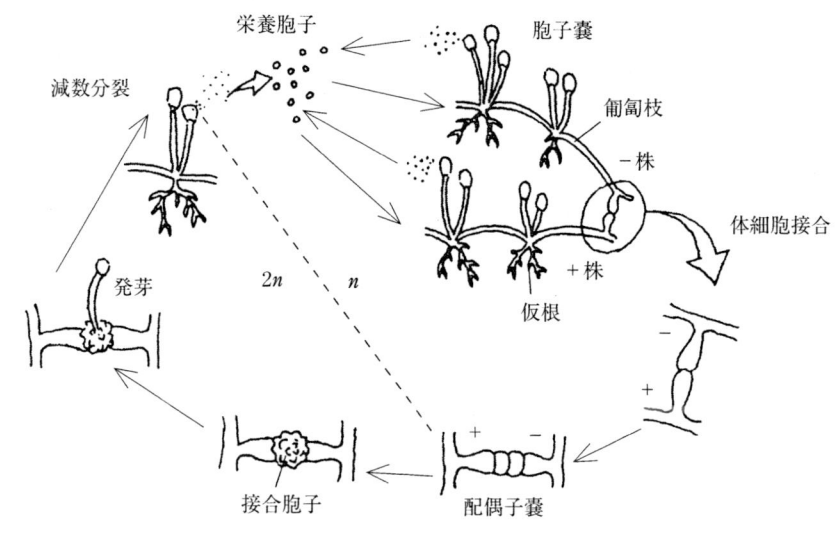

図 27.1 接合菌類の生活環

行って，厚い細胞壁に包まれた接合胞子を形成する．接合胞子をつくった時だけが二倍体で，典型的な単相生物の生活環をもつ．ケカビ，ハエカビ，クモノスカビなどが知られている接合菌類は，7目に分類される約120属900種弱が記載されている（図27.2）．

生活場所としては土壌や落葉の層に生きるものと，節足動物の腸管に付着して生活する1群も知られている．昆虫の腸内にいる接合菌類は，昆虫と共生関係にある．ほかには，植物の実や落葉についたり，水中などで動物の死骸などにつく腐生生活が目立つ．陸上植物のセルロースを分解することはできないとされている．

クモノスカビの1種はインドネシアでテンペと呼ぶ木の葉に包む発酵食品をつくる際に不可欠の菌である．

ハエカビの1種に鞭毛の痕跡が見つかっており，菌糸体に隔壁のないことや胞子嚢胞子をつくる点で，ツボカビ類と似ており，分子系統解析でも両者の近縁性が示されている．ツボカビ類が偽菌類におかれず，真菌類に含められるのには，接合菌類との類似が根拠となっている．

不完全菌類

奇妙な呼び名である．不完全な生物などあるはずがないからである．この呼び名で総括される群の菌類は，有性生殖器官をつけずに生涯を栄養菌糸だけで終わるために，子嚢菌とも担子菌とも決められないものである．実際はそのどちらかで（有性生殖器官を退化させたもので）あるはずの群であり，不完全なのは人の認識であるという呼び名である．

菌類は従属栄養の生物だから，寄生，腐生などの生活をする．そのような生活をするもののうちには，栄養繁殖だけで，有性生殖を演出しないものがある．不完全菌類というのはそのような生活を営む菌類であり，だから，子嚢菌類や担子菌類のうち，特定の生活型を示しているものだと推定される．研究が進めば，どの菌類に近縁かが確かめられるはずである．

　形態的に，キノコ，カビ，コウボという体制の違いで分類されるが，これはきわめて機械的である．子嚢菌にも担子菌にもこのような体制が認められることから，仮に仕分けをしたという程度に理解したい．最近になって，分生子の形成過程の観察例が増え，このパターンが系統を反映しているらしいことが確かめられて，不完全菌類の分類の研究は大幅に進展した．さらに，分子系統解析によって，系統関係の追跡も可能になっている．

　不完全菌類と総称する菌類には，これまでに25000種以上が記載されており，未記載のものも多いことが知られている．このうちにはさまざまの有用菌類や病原菌などが含まれ，人の生活には多様なかかわりをもっている．

　糸状不完全菌類は菌糸だけが知られる不完全菌類で，アオカビやコウジカビの仲間である．アオカビやクロカビは少し古くなった食品に生えるカビで，黴という名そのものからが嫌われものであるが，アオカビはチーズに合う菌であり，また，アオカビからは抗生物質のペニシリンがつくられ，医療に大きな貢献を行った．一方，コウジカビは日本酒，味噌，醤油などの製造に不可欠で，日本人の生活にとっては大切な有用菌である．カビと食品のかかわりはアジアでもっともよく発達しており，コウジカビのない日本の文化や生活など考えられるものではないが，不完全菌類のコウジカビがそのような目で見られることはあまりない．

　日本酒や味噌，醤油の醸造に使われるコウジカビは黄麹菌と呼ばれる群に属するものであるが，この群の野生株には発癌性が強いアフラトキシンを含んでいるものがある．しかし，醸造に使用される菌株には，アフラトキシンを含むものは全く見つかっていない．長い歴史のうちに，危険な株を除外して有用株だけを利用する工程が確立しているのである．

　生きた植物の葉につく種も多く，この場合，植物の生活に災いをもたらす病原菌となることがある．イネにとって厄介な稲熱病菌，ムギの病害菌となるムギ類赤カビ病菌，トウモロコシに取りつくトウモロコシ赤斑病菌など，農業にとって厄介な菌類には，不完全菌類の例が少なくない．カイコを死に追いやる白彊病菌など動物に寄生するものもあり，変わったところでは，菌類に寄生する例（イグチの仲間に寄生するセペドニウム）も知られている．

　生活環の起源についての知見は不完全で，だから系統分類はきっちりとはで

きていないが，人の生活とかかわりの深いことから，これらの特定の不完全菌類の種の生活については研究が進んでおり，病害の防除のための対策も進められている．

==================== Tea Time ====================

寄生と腐生

　従属栄養の生物はなんらかの方法で有機物を摂取する．動物のように，生き物か死体の形でほかの生物から有機物を摂取する方法は餌を食うというが，菌類やある種の植物の場合は餌を食するとはいわない．菌類や従属栄養の植物が他の生き物に取りついて有機物を摂取する場合，取りつく相手が生きていると寄生と呼び，死んでいると腐生と呼ぶ．

　寄生する対象を寄主という．寄主は植物であることが多いが，動物であっても寄主と呼ぶ．マツタケの寄主はマツであり，シイタケの寄主はシイであるといえばわかりやすい．カイチュウの寄主はヒトである．

　寄生には全寄生と半寄生がある．必要とする有機物のすべてを寄主から摂取するのが全寄生で，従属栄養生物である菌類などの寄生はこの様式である．植物のうち，部分的には光合成をするが，自分の生活に必要な量を光合成で賄うことができず，他の生き物に寄生するというものがある．この場合，有機物の一部は自分で賄い，不足する一部だけを寄主から摂取するので，半寄生という．ブナやサクラに寄生するヤドリギなどはこの状態の生き方をしている．

　有機物を摂取する対象がすでに死んでいる生物体（有機物質の塊）である場合，この生き物の生活を腐生という．菌類など，生物の死体の有機物を分解し，自然界の清掃者である分解者の役割を果たすのは腐生生活によってである．

　土壌動物などが生き物の死体から有機物を摂取し，分解者としての機能を果たすのは，餌を食うとはいうが，腐生生活をするとはいわない．腐生生活というのは菌類などの生活形態に使う表現である．

第28講

子嚢菌類の多様性

キーワード：子嚢　イースト　カビ　コウボ

　真菌類のうちでもっとも種多様性に富んでいるのが子嚢菌である．カビの多くはこの群に属する．コウボをはじめ人の生活と深くかかわる種も多い．

子　嚢

　子嚢菌類は子嚢と呼ばれる袋状の有性生殖器官をつくり，そのうちに8個の子嚢胞子を産出する菌類の系統である．多様に分化している子嚢菌類のすべてが，この点で共通している．

　栄養体は菌糸に仕切りのはっきりした多細胞の菌糸体がよく発達するものが多く，子嚢形成の前に集まって子実体をつくるものもある．ただし，子実体をつくっても小形のことが多く，キノコというにはみすぼらしい．コウボ細胞のみのものもある．

　細胞はキチン（＋グルカン）でつくられた細胞壁をもち，各細胞はふつう単相の核を1個含む．菌糸体の体細胞接合や配偶子嚢接合によって二倍体の子嚢母細胞がつくられ，これが成熟して子嚢となる．子嚢内の二倍体の核は減数分裂と1回の体細胞分裂を行って，各子嚢内に遊離細胞形成により8個の子嚢胞子を形成する．分生子による無性生殖がよく発達しており，外生の分生子が多数集まった状態をカビと呼んでいる．

　生活環は一見多様であるが，接合して複相になる核はすぐに減数分裂を行って単相に戻る．接合は多細胞接合のこともあり，菌糸に造嚢糸と呼ぶ特殊な突起を生じ，造嚢糸が菌糸と接合して重相となるものもある（図28.1）．

　藻と共生して地衣に特殊化するもの（第30講）や，子嚢菌類起源であるらしいが，生活環を通じて有性生殖器官が観察されず，不完全菌類に分類されているもの（第27講）もある．

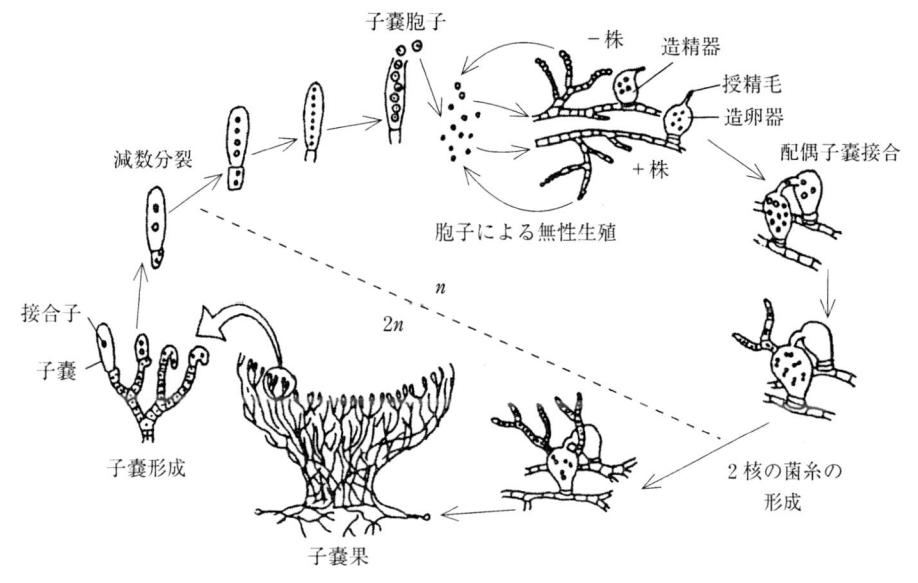

図 28.1 子嚢菌類の生活環

子嚢菌と人

　人とかかわりの深い子嚢菌は多い．しかし，現に有用，有害であると知られているもの以外の種については研究がはなはだしく遅れている群でもある．

　コウボといえば真菌類のうちでも子嚢菌に目立つものが多い．酒類の醸造にコウボは欠かすことのできないものであり，酒と人生のつながりを考えれば，子嚢菌と人生のかかわりも理解されようというものである．コウボといえば，パンをつくる際にもなくてはならないものである．イーストという呼び名でよく知られる．

　有用な例から始めたが，嫌われものも少なくない．菌糸が分生子という無性生殖細胞をつくり，これが大量に生じて肉眼ででも目立つ状態になったものをカビという．少し古くなった食品に取りついたり，じめじめした季節には家のまわりのあちこちにはびこったりして嫌がられる．

　しかし，また，そのカビの1種からペニシリンなどの大変有用な薬剤が抽出される例もある．子嚢菌のもっている成分のうちには，現に有効に利用されているものも少なくないが，今後開発されると期待されるものもあり，遺伝子資源としての子嚢菌には熱い目が注がれている．

　キノコをつくる子嚢菌類のうち，アミガサタケやヒラタケはキノコ狩りの対象となるもので，食用にされるが，食用といえば，ヨーロッパで珍味とされるトリュフも子嚢菌類である．種の区別をすれば6種ほどがトリュフとして利用

されている．日本にも同じ属のイボセイヨウショウロが野生する．

子嚢菌の多様性

　子嚢をつくることで同一の性質をもつ菌類であるが，子嚢菌は多様に分化しており，35000種近くが記載されている．まだ未記録，研究不足のものも多いと推定されている．日本で採集されている種でさえ半分は未記載といわれることがある．

　子嚢菌の生活場所は多様で，50℃以上の高温に生活するものから，極地圏近くに生育するものまで，また，陸生のものだけでなく，淡水性，海水性のものもある．大多数を占める陸生の種のうちには，土壌中に生活するもののほかに，倒木，落葉，動物の糞や死体などにつく腐生のもの，ヒトを含む動物や生きた植物体に寄生する病原性のものなど，さまざまな型の生活を演じている．キノコをつくるものでは，着生する植物と共生しているものがある．従属栄養で，一見植物に完全に依存した生活を送っているようであるが，効率的な吸水性をもち，植物に水を提供して，植物の生を安定させている．

　多様な子嚢菌は，現在世界で250余科，3000以上の属に分類されているが，この分類についてもさらなる研究が期待されるところである．分類にあたって，いろいろの指標形質が研究されているが，まだわかっていないことが多い．今のところ，子嚢のでき方やかたち，胞子の分散の仕組み，子実体の有無，あるものでは子実体の性質などを指標に，次のような分類群が認められている．

　半子嚢菌類：　もっとも原始的な子嚢菌とみなされる群である．菌糸組織の子嚢果をつくることはなく，特殊な造嚢糸もつくらずに，菌糸どうしの体細胞接合を行って子嚢をつくる．コウボキン，タフリナなどが知られる．

　不整子嚢菌類：　閉子嚢殻の子嚢果をつくり，球形から卵形の子嚢を内部に散在させる．子嚢の壁が破れると子嚢胞子が放出される．ユーロチウムやウドンコカビなどが含まれる．

　核菌類：　子嚢殻のかたちの子嚢果をつくる．造嚢糸上に形成される子嚢は棍棒状から円筒状．群の内容についてはさまざまな説があり，種の同定についても研究者によって見解が一致しない点が少なくない．冬虫夏草だとか，遺伝学の研究に役立ったアカパンカビなどがこの仲間である．

　ラブルベニア類：　節足動物に外部寄生する群と紅藻に外部寄生する群とが知られる．子嚢殻のかたちの子嚢果をつくり，栄養体は菌糸とならず，少数の細胞が特殊な集まりをつくる．不動精子が形成され，受精毛を経て造嚢器に達する．

小房子嚢菌類： 子嚢の壁が光学顕微鏡的には二重壁であることが特徴であるが，壁の構造について研究が進み，再検討の対象となっている．植物病原菌になっているものが多い．

盤菌類（チャワンタケ類）： 子嚢盤をつくる子嚢果をもつ．子嚢は造嚢糸上に形成され，棍棒状から円筒形，子嚢壁は一重とされる．チャワンタケ，ズキンタケなどで，トリュフもこの仲間であるが，群全体の研究は遅れている．

===== Tea Time =====

酵母とイースト

　近くのパン屋さんで，2種類のパンについて，こちらはイーストで，そちらは酵母でつくりました，という説明を聞いたことがある．追究はしなかったが，材料の商品名ではイースト（yeast，英語）と酵母（日本語）は区別されているのだろうか．

　菌類の形態にカビ，キノコ，コウボという区別がある．目に見えるところでは，カビといえば分生子がたくさんできている状態で，菌糸はあまり気にしないが，キノコは菌糸が寄り集まってつくる子実体と呼ぶ構造で，子嚢や担子柄がついているかどうかは問題でない．カビをつくる菌類は生き物にでも死体にでも，菌糸が取りついて栄養分を吸収し，力がついたら外生胞子嚢である分生子をつくる．キノコをつくる菌類も，生き物にでも死体にでも取りついた菌糸が栄養分を吸収して菌糸を成長させ，大量に集まって種によって一定のかたちをした塊（＝キノコ）を作り出すものである．成体に達したら胞子嚢（子嚢か担子柄）をつくり，胞子を形成する．

　コウボは細胞に出芽が見られて増殖するが，菌糸体はつくらず，子どもがくっついたままの状態の単細胞体とでもいうべき細胞がたくさん集まった状態である．菌体は有機物の塊（生き物でも死体でもよい）から栄養分を吸収して生活を支える．コウボの英名がイースト yeast である．

第29講

担子菌類の系統と分類

キーワード：担子柄　キノコ　子実体

　キノコの多くは担子菌類である．しかし，カビやコウボが主体と思い込まれている子嚢菌類にキノコもあるように，担子菌類にもコウボやカビが知られる．

菌糸と担子柄

　細胞壁はキチン（＋グルカン）で，多細胞の菌糸体がよく発達するものが多い．

　胞子が発芽すると，単相で，各細胞に核をひとつもった一次菌糸となる．一次菌糸は体細胞接合を行って各細胞に単相の核を2個もった二次菌糸を形成する．二次菌糸はよく発達し，種に特有のさまざまなかたちの子実体（＝キノコ）をつくる．

　生活環は多様であるが，もっとも特徴的な性質は担子柄を形成することである．一次菌糸と二次菌糸はそれぞれ独立に生活する．分裂子，分生子などと呼ばれる栄養胞子をつくり，カビの状態になるものもある．

　二次菌糸にクランプ（嘴状突起）と呼ばれる特殊な構造（図29.1）をつくり，その突起を通じて核の移動が見られ，担子器内で核の接合が見られる．複相になった核はすぐに減数分裂し，4個の担子胞子がつくられる．担子胞子は外生的に担子器につくので，担子器はふつう担子柄と呼ばれる．担子器をつくる菌類を担子菌類と呼ぶが，多様に種分化を重ねているこれらの菌類が単系的に進化してきたことはほぼ確かである．

担子菌と人

　担子菌にも人の生活とかかわりの深いものが少なくない．

　キノコは食用になるものが多く，洋の東西をとわず，昔から愛好されてきた．秋になってキノコ狩りをする習慣は，日本でも中国でもヨーロッパでも，

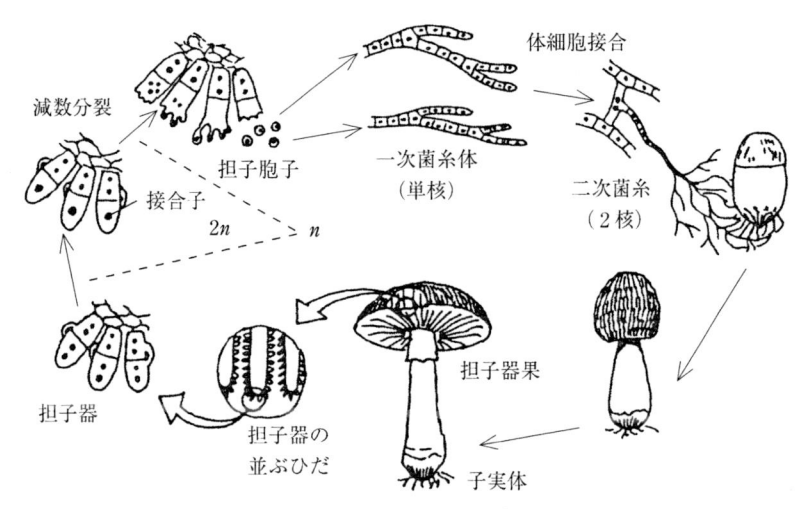

図 29.1 担子菌類の生活環

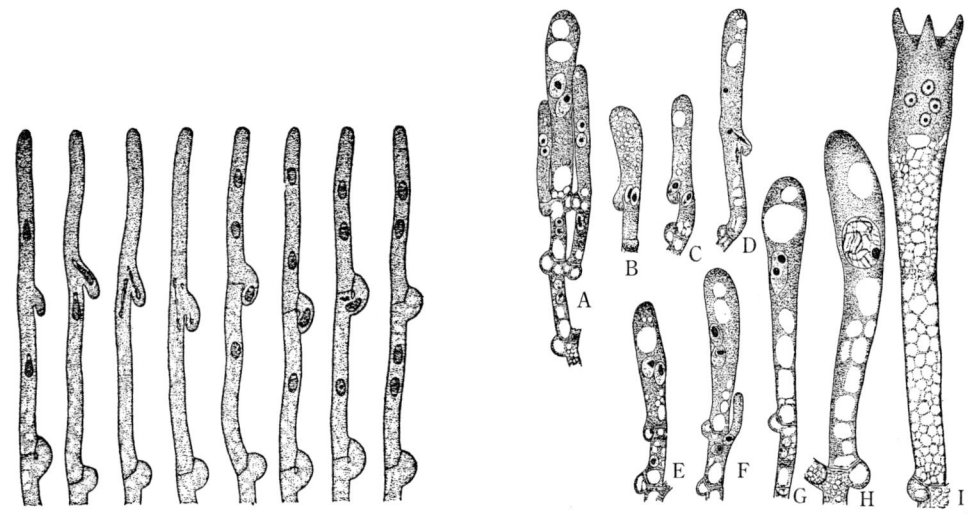

図 29.2 クランプのでき方（左）とクランプがつくられ，担子胞子が形成されるまで（右）
左図の過程でクランプ中の2核（右図F）が接合し（H），やがて減数分裂の結果，4個の担子胞子を形成する（W. H. Brown: The Plant Kingdom, Ginn & Co., Boston, 1935, fig 729, 730）.

共通のものである．秋の自然を楽しむ歓びと，食品を採取する実用性とが，歴史を通じてよい調和を醸し出してきたのだろう．しかし，危険なキノコも少なくないので，毎年のようにキノコ狩りの事故も報道されることになる．

　キノコは世界中でいろいろに利用され，そのうちでも食用の利用が重要な部分を占める．シイタケ，シメジなど，栄養を摂取するためにも貴重な食材が多く，その価値はますます高く評価されている．一方，栄養価はともかくとして，芳香が人々を魅了するマツタケのように高級嗜好品として活用されるもの

も少なくない．また，薬用に利用されるキノコも少なくなく，これからキノコを原料として生薬が開拓される可能性も期待されている．キノコとして親しまれているものの多くは，ハラタケの仲間である．特定の群のうちで，多様に分化した型が食用や薬用に利用されている．

逆に，猛毒のキノコも多く，これもまたハラタケの仲間に例が多い．よく似た種でありながら，含んでいる成分が異なっていて，ヒトに対して，美味を提供するものと，強い毒となるものがあり，種の同定には注意を要する．

植物に寄生し，病気を起こす担子菌も少なくなく，クロボキンは麦の穂に取りついて，大きな病害を生じる．サビキンは各種の植物の葉に錆のような障害をもたらす厄介な菌類である．これらの植物病原菌はキノコをつくるハラタケの仲間とは系統上は違った群に属する．

毒性のあるキノコのうちには，死に至らしめる猛毒性のものだけでなく，神経細胞に影響を与え，笑わせたり，泣かせたり，その他の幻覚症状を誘うものがある．このために，キノコを伝統行事や宗教と結び付ける文化も発達している．宗教行事に使われる聖なるキノコとして，民族学者はベニテングタケ，マンネンタケ，シビレタケ類をあげる．幻覚症状をひき起こすシビレタケ類が，伝統的に宗教行事に使われていただけでなく，最近では菌類起源の薬品が人の芸術活動に刺激を与える点が見直されてもいる．バッカクキンの菌核から分離されたLSDがヒトの精神に作用することに目をつけ，サイケデリックな芸術活動にLSDの服用が奨められたりもしている．もっとも，この成分の神経に及ぼす作用についてはまだまだ研究すべき点が多い．

担子菌の多様性

担子菌類には約25000種が記録されている．しかし，これは実際地球上に生きている総種数からいうとまだごく一部の数字と思われる．このうち，キノコが目立つハラタケ目だけで5000種以上はある．

陸上に生活しているものが大多数であるが，腐生，寄生，共生などさまざまな生活型を示す．

真菌類のうち，子嚢を形成する子嚢菌類と担子柄をつくる担子菌類は特殊な胞子形成をすることで容易に識別され，二つの系統群と認識されている．このことは，分子系統解析でも支持され，菌類が大きく二つの系統に分化して現在に至った進化過程は疑う余地がなさそうである．二つの系統群は，それぞれにコウボ，カビ，キノコなどの表現型を並行して発達させているが，並行して多様化を進めた点では，胞子嚢形成の型がどちらであれ，地球表層での生活にふさわしい進化だったことを伺わせる．

分類体系についても，まだまだ研究を必要とする点が多いことは子嚢菌類の場合と同じである．以下に紹介する分類系にもまだ異説は多く，だからといって万人を納得させる分類体系はまだ得られていない．

分類群の定義には担子器の特徴や，子実体の有無，もしあればその形態的特徴などが指標とされる．

原生担子菌類（半担子菌類）： 子実体をつくらず，菌糸細胞が休眠胞子となる．担子菌コウボ類が含まれ，クロボキン，サビキンなどが例である．

異型担子菌類： 二次菌糸が集まって子実体をつくり，直列または並列に4室の担子柄をつくる．生活史のある時期にコウボとなるものもある．キクラゲなど．

真正担子菌類： 大部分のキノコで，二次菌糸が集まって子実体をつくり，1室の担子柄に担子胞子が形成される．1) 原生帽菌類は寄主植物を肥大させ，菌嬰をつくるモチビョウキンと，キクラゲ型の子実体をつくるアカキクラゲなどがある．2) 帽菌類は裸実型の子実層をもつサルノコシカケ，ハラタケなどの仲間である．3) 腹菌類は被実性の子実層をもつ．ショウロ，スッポンタケなど．

===Tea Time===

マツタケ

海藻を食べる習慣は世界でもめずらしいものとされるが，キノコはたいていの民族が好んで食する．しかし，日本ではキノコの王者であるマツタケが，どこでも好まれるというのではない．中国雲南省ではさまざまな菌類が食用にされ，雲南料理の特徴のひとつに数え上げられるが，マツタケは日本人がすばらしい芳香とたたえるその匂いが雲南省の人たちには耐えられないものらしく，かつてはすべて捨てられていた．日本人がマツタケのために大枚を投じると聞いて，今ではマツタケは雲南省の日本向け重要輸出食品である．一時は販売ルートの選択で争いさえ生じることがあったという．

中国からだけでなく，マツタケはあちこちから輸入されるようになった．純日本産のマツタケは今では容易に入手できない．

私は奥丹波に生まれ，秋には最高級のマツタケに埋まるような幼年期を過ごした．子どもの頃，大きな籠を担いで，こくば掻き（松の落葉を集める作業）に従事した．風呂などはもっぱら松の落葉を燃やしてわかしたものである．1980年代頃からのいわゆる燃料革命で，里山からの薪炭材の利用が止まってしまい，里山をリサイクル系から外して荒廃させてしまってから，マツタケの

生産量ががくんと減ってしまった．原因をそのことだけに押し付ける根拠は確かではないが，これも罪状のひとつである可能性は高い．もっとも，中国では落葉を集めたりしないが，マツタケは豊かに生じる．土壌条件や気象などは異なっている．

第30講

地衣類：共生による進化

キーワード：共生体　ゴニディア　リトマスゴケ

　地衣類は菌類と藻類の共生体である．主体は菌糸であるが，その間に緊密に藻体が取り込まれ，ゴニディアと呼ばれる部分をつくっている．細胞はそれぞれ独立しているが，両者が一緒にならないと自然状態では生きていけない．

地衣類の共生体

　地衣体は菌糸が絡まった組織の間に藻体が取り込まれたものである．地衣体の大部分は菌糸で，藻類が取り込まれるところは特定の部位だけで，そこをゴニディアと呼んでいる（図30.1）．共生する藻類はシアノバクテリアか緑藻であり，藻の細胞は地衣類から取り出しても単独で生きていくことができる．菌糸の部分は藻を抜き取ると単独で生き続けることはできず，やがて死ぬ．菌糸はそこまで，共生という生活型に適応してしまっているのである．

　地衣体は平常は共生体として生活しているが，共生している生物はそれぞれ独立の生活環を演じているように，共生という生活を営みながら，生き物としては独立に継代している．だから，他の細胞に共生してミトコンドリアや葉緑体のようにオルガネラになってしまって，今ではDNAも不完全になってしまった共生体とも，ストラメノパイルなどのように他の生物の細胞内に入り込んでしまって，別の新しい生物としての生活を始めているような細胞内共生体のように，新しい生物をつくってしまった共生体とも違っている．しかし，カイロウドウケツとドウケツエビや，イチジクとイチジクコバチの共進化の関係のように，お互い相手がないと生きていけないとはいうものの，それぞれの生活の独立性は維持しているのと比べると，藻体を取り除くとやがて菌糸が枯死するほど依存性が強くなっている点では，単なる共進化とは異なった関係性を進化させている．用語としても，共進化，共生，細胞内共生と，それぞれ依存の程度の違う協力のあり方が生物の世界には見られるということである．

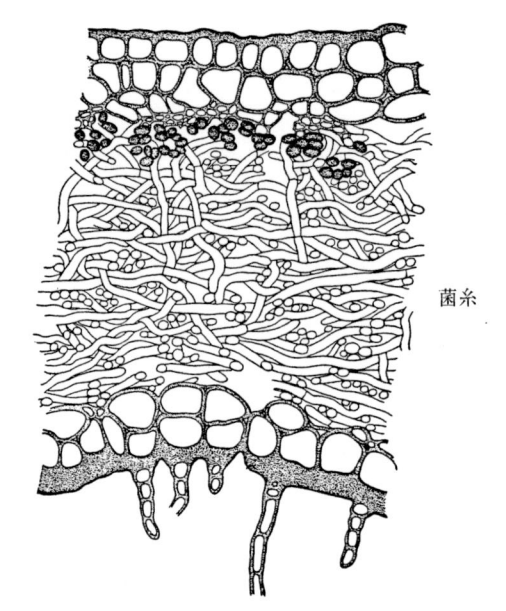

図 30.1　地衣体の断面図：菌糸の上部の濃い球体がゴニディア
（藻類）（W. H. Brown : The Plant Kingdom, fig 773）

地衣類の生活環

　地衣体を構成する菌糸も藻体も，それぞれの生活環を独立に維持している．地衣体を構成する菌糸は子嚢菌が多いので，生殖器官としては子嚢がしばしば認められる．担子菌起源の地衣体には当然担子柄が形成される．菌糸は独立で生きていくことはできず，ゴニディアの形成を必要とはするものの，必要とする体制が整えられれば，藻類とは独立に自分の胞子嚢形成を行うのである．
　母体の地衣につくられた子嚢胞子や担子胞子が発芽すると，それぞれにふさわしい菌糸が成長する．菌糸には早い時期に共生する藻体が取り込まれ，藻体が菌糸の組織の間で増殖してゴニディアを形成する．（この際，ある種のバクテリアが関与するという観察の報告もある．）
　地衣体のゴニディアに参画する藻類ではシアノバクテリアは有性生殖をしないが，緑藻も栄養分体で増殖するだけのようである．ゴニディアの中で一定の環境を与えられて生活し，光合成を行って有機物を生産するが，その有機物は直接に菌糸の生活の栄養分として利用される．
　地衣類は成体になるとそれぞれの種の特性を示すような形態をもち，ふさわしい場所で生活する．時期が来ると，菌糸には子嚢や担子柄などの生殖器官をつくり，増殖する．子嚢や担子柄の形成の過程は子嚢菌や担子菌の場合と基本的に異なることはない．

地衣類と人

　地衣類という名前も知らない人が多いが，だからといって地衣類は人と無関係の生物ではない．

　リトマスゴケという地衣がある．酸性，アルカリ性に反応するので，昔は酸性度の測定に利用されていた．今ではより正確に測定する機器ができているので自然物に頼らなくてもよいが，古典的には貴重な指標生物だった．薬に使われる地衣もめずらしくない．そのためか，地衣の種の同定に，簡便な化学反応を利用する方法を一般化したのは，薬学界の先達朝比奈泰彦（1880-1978）だった．今では地衣類の種の同定に，特定の成分を指標とするのが常識になっている．

　イワタケは食用として貴重である．もっとも，エネルギー源というより，食欲を増進する嗜好品としてである．中華料理には不可欠の食品である．

　藻類は菌糸に包み込まれて安定した環境で光合成に励み，菌糸は藻類から栄養分の供給を受けるという具合のよい共生体という生き方が，厳しい環境に耐えて生きる力をつけるのだろうか，他の生物が生きられない高山や極地などの裸地にも地衣類は生えている．いくつかの種が集まって，切り拓かれた場所の先駆種になることもある．一方，車の排気ガスなどに対する抵抗性は乏しく，最近では都市部などでは野生の地衣をほとんど見ない．ウメノキゴケを重いほどつけた梅の古木など，都心部の庭園には無縁のものとなってしまった．排気ガスなどに弱いのがなぜかは，正確にはわかっていないが，汚染度の指標になっていることは確かである．

地衣類の多様性

　地衣類はふつう菌類に附随して語られる．共生している藻類はほとんど無視して，地衣体の基本をつくる菌糸を指標として分類するためである．地衣類というのは，藻類を共生させるように特殊化した菌類であるといってよい．だから，系統分類の精神を忠実に表現するなら，菌糸の系統に従って分類すべきものであるが，一般には，藻類と共生している菌糸ということで，地衣類は別の群として扱われる．藻類は独立しても生きていくことができるが，菌糸は地衣体としてのみ生存可能であるという関係が，地衣類の性格を現しているのだろう．

　外部形態によって，地衣類を固着地衣，葉状地衣，樹状地衣に分類することがある．約2万種が記録されているが，生物の多様度の高い森林中にも，他の生物が生きていけないような厳しい環境にも分布域を広げている．

=====Tea Time=====

共生と共存

　共生という語は英語のsymbiosisの訳語として生物学の学術用語となっている．現行の生物学用語の解説書の定義によると，共生は2種の生物がお互いに不可分離の関係になるよう進化した状態であり，単に共存している関係は共生とはいわないとされる．地衣類は，少なくとも菌糸の側は，藻類なしには生きていけないのだから，菌と藻の間で典型的な共生関係が確立しているといえる．

　1990年の国際花と緑の博覧会で「人と自然の共生」という標語が用いられた頃から，この言葉は日本でふつうに使われる言葉となっている．しかし，2種の生物の関係に当てられる用語を，ヒトという種と自然という多様な生物をひっくるめたものとの関係に当てはめるのは，生物学用語の使い方としては正しくない．とりわけ英語の表現を気にして，「ヒトと自然の共生」という日本語を英国の生物学者と内容を話し合って英訳したら，"harmonious co-existence between mankind and nature"に落ち着いた．co-existenceは共存である．日本語では，単なる共存ではなくて共生，といえるが，英語には日本語でいう共生のような強い表現はないらしい．

　細胞内共生でオルガネラとなったミトコンドリアや葉緑体は，もはや元のすがたを伺わせるだけのものを完全に失っている．二次細胞内共生でつくられた昆布の葉緑体も同じことである．生物学の研究成果に基づいてはじめて，元のかたちに思いいたるのである．地衣類の菌糸と藻類は，拡大して見ればすぐに納得のいく2種の生物である．共進化の結果できあがったランの花と訪花昆虫の口吻の構造についても同じことがいえる．

　生物の共生の在り方はさまざまである．共進化のように相互の関係がはっきりしていなくても，地球上に生きている生物は，すべてが直接的間接的に関係性を持ち合い，全体としてひとつの生命系を構成して生きている．生き物の間の共生と共存の関係は，関係性の強さの程度によって区別するだけで，実際はすべての生物の間に存在するものである．

参考図書

今泉吉典他（編）：現代生物学大系，全 14 巻 19 冊，補遺 1 冊，中山書店（1965-1986）
岩槻邦男：多様性の生物学（生物科学入門コース 8），岩波書店（1992）
岩槻邦男：植物からの警告——生物多様性の自然史，NHK ブックス（1994）
岩槻邦男（編）：植物と菌の系統と進化，放送大学教育振興会（1995）
岩槻邦男：シダ植物の自然史，東京大学出版会（1996）
岩槻邦男：文明が育てた植物たち，東京大学出版会（1997）
岩槻邦男：生命系——生物多様性の新しい考え，岩波書店（1999）
岩槻邦男：多様性からみた生物学，裳華房（2002）
岩槻邦男（編）：多様性の生物学，放送大学教育振興会（2003）
岩槻邦男・加藤雅啓（編著）：多様性の植物学，全 3 巻，東京大学出版会（2000）
岩槻邦男・下園文雄：滅びゆく植物を救う科学——ムニンノボタンを小笠原に復元する試み，研成社（1989）
岩槻邦男・馬渡峻輔（監修）：バイオディバーシティ・シリーズ，裳華房（1996-）；(1) 岩槻邦男・馬渡峻輔（編）生物の種多様性（1996）；(2) 加藤雅啓（編）植物の多様性と系統（1997）；(3) 千原光雄（編）藻類の多様性と系統（1999）
岩槻邦男他（監修）：朝日週刊百科「植物の世界」全 144 冊，朝日新聞社（1995-1997）
岩槻邦男他：進化——宇宙のはじまりから人の繁栄まで，研成社（2000）
岡田　博，植田邦彦，角野康郎（編）：植物の自然史——多様性の進化学，北海道大学図書刊行会（1994）
大島泰郎：地球外生命，講談社現代新書（1999）
加藤雅啓：植物の進化形態学，東京大学出版会（1999）
木村資生・大沢省三（編）：生物の歴史，岩波書店（1989）
熊沢正夫：植物器官学，裳華房（1979）
L. E. グラーハム（渡辺　信・堀　輝三訳）：陸上植物の起源——緑藻から緑色植物へ，内田老鶴圃（1996）
黒岩常祥：ミトコンドリアはどこからきたか——生命 40 億年を遡る，NHK ブックス（2000）
古賀洋介・亀倉正博（編）：古細菌の生物学，東京大学出版会（1998）
五條堀　孝・岩槻邦男・高畑尚之・中辻憲夫（編）：エボルーション，共立出版（1996）
斎藤清明：メタセコイア——昭和天皇の愛した木，中公新書（1995）
佐竹義輔他（編）：日本の野生植物：草本 1-3，木本 1-2（1981-1989），岩槻邦男

（編著）：シダ（1992），岩月善之助（編著）：コケ（2001），平凡社
杉原美徳：裸子植物の胚発生，東京大学出版会（1992）
千原光雄（編著）：藻類多様性の生物学，内田老鶴圃（1997）
西田治文：植物のたどってきた道，NHKブックス（1998）
根井正利（五條堀　孝・斎藤成也訳）：分子進化遺伝学，培風館（1990）
原　襄：植物形態学，朝倉書店（1994）
堀　輝三（編）：藻類の生活史集成 1-3，内田老鶴圃（1993, 1994）
D. J. フツイマ（岸　由二他訳）：進化生物学，蒼樹書房（1991）
H. C. ボールド（西田　誠訳）：植物の世界，岩波書店（1972）
三木　茂：メタセコイア――生ける化石植物，日本鉱物趣味の会（1953）
宮田　隆：分子進化学への招待――DNAに秘められた生物の歴史，講談社ブルーバックス（1994）
森脇和郎・岩槻邦男（編）：生物の進化と多様性，放送大学教育振興会（1999）
八杉龍一他（編）：生物学辞典，第4版，岩波書店（1996）
E. O. ワイリー（宮　正樹訳）：系統分類学入門――分岐分類の基礎と応用，文一総合出版（1992）

Margulis, L. & K. V. Schwarts : Five Kingdoms. Freeman, San Francisco（1982）

Maynard Smith, J. & E. Szathmary : The Major Transitions in Evolution. Freeman, Oxford（1995）

Stewart, W. N. & G. W. Rothwell : Palaeobotany and the Evolution of Plants, 2nd ed., Cambridge Univ. Press（1993）

Woese, C. R. : Bacterial Evolution. *Microbiological Review* **51** : 221-271（1987）

索　引

ア 行

アグラオフィトン　60, 71
アケボノスギ　113
浅草海苔　40
アシツキ　17
アステロキシロン　70, 77
アピコンプレックス類　29
アポガミー　96
アメーバ　28, 30
アリストテレス　1, 5
アルカエオプテリス　100
アルベオラータ　46

維管束　58, 90
維管束植物　57, 70
異形胞子性　79
池野誠一郎　107
イースト　147
一次菌糸　148
イチョウ　107, 109
遺伝情報　7
今村駿一郎　128

ウィーズ　21
ウイルス　16
渦鞭毛藻類　46

ABCモデル　116
園芸植物　130

黄金藻類　44
黄緑藻類　44
オオハナワラビ　92
オゾン層　54
オルガネラ　22
オルドビス紀　64

カ 行

外衣内体構造　115
灰色藻類　40
カイトニア類　107
カイロストローブス　87
科学的好奇心　130
萼　116
核菌類　146
化石裸子植物群　106
褐藻類　44, 47
カバリエ・スミス　5, 47
花被　120
カビ　138
花粉　115
花粉管　115
花弁　116
果胞子　39
鴨川海苔　17
カラミテス　85
カワゴケソウ　127
鑑賞植物　129

キカデオイデア類　106
偽菌類　32
気孔　58, 90
寄生　143
寄生生活　136
気生藻　53
キドストン　70, 76
キノコ　138, 150
球果植物　110
共進化　126
共生　156
共生体　153
共存　156
菌糸　134
菌類の化石　64

クックソニア　60, 71
グネツム類　111
クランプ　148
クリプト藻　42
クロイゼル　76
グロッソプテリス類　107
クロララクニオン藻類　43

経済植物　130
珪藻類　44

系統　7
系統分化　25
茎葉植物　57
頸卵器　74
楔葉　73
原核細胞　13
原核生物　13, 18
原始シダ類　91
原始陸上植物　57
原生生物　27
原生動物　28
原裸子植物　99

紅藻類　38
合弁花類　120
コウボ　144
酵母　147
5界説　4
コケ植物　58, 65
古細菌　16, 19, 21
古生マツバラン　75
ゴニディア　154
コルダイテス類　106
コレオケーテ　49

サ 行

細胞性粘菌類　32
細胞内共生　22
細胞分類学　8
サカゲツボカビ類　34
酸素発生型光合成　37, 55

シアネラ　40
シアノバクテリア　15, 37
ジェフレイ　78, 85
シギラリア　78, 80
子実体　134, 151
嘴状突起　148
自然分類　9
シダ　59
シダ状種子植物　105
シダ類　89, 94
子嚢　134, 144

子嚢菌類　144
四分胞子　39
下薗文雄　132
シャジクモ類　51
重複受精　115
収斂　25
主根　91
種子　101
種子植物　99
種虫類　29
珠皮　101
小房子嚢菌類　147
小葉　73
　──の進化　77
小葉植物　77, 81
植物園　130
『植物誌』　6
シルル紀　64
人為分類　9
進化　7
真核生物　22
真菌類　134
真嚢シダ類　91
針葉樹　110

水生シダ類　96
水前寺海苔　16
スキアドフィトン　68
スギゴケ　68
スギナ　84
スティグマリア　81
ストラメノパイル類　33, 43
スフェノフィルム　84
スポロゴニテス　67, 71

精核　110
生活環　50
生殖的隔離　9
生物種の概念　8
生物多様性　7
生命倫理　19
世代の交代　95
接合菌類　140
ゼニゴケ　68
セントラルドグマ　19
ゼンマイ科　94
繊毛虫類　29
セン類　68

双子葉植物　120
ゾウリムシ　29
藻類　36, 42

ゾステロフィルム　60, 71, 77
ソテツ　107, 110

タ 行

大綱分類　10
体細胞接合　134
大腸菌　16
大葉　73
タイ類　68
タケ　122
担根体　80
単細胞動物　27
担子菌類　148
担子柄　134, 148
単子葉植物　119
地衣類　153
チェカノウスキア類　107
チャーチ　122
チャワンタケ類　147
中心柱　91
チュンベリー　12

ツクシ　88
ツノゴケ類　69
ツボカビ類　140

DNA　7, 18
テオフラストス　1, 6
テローム　101
テローム説　73

導管　114
トクサ　84, 122
ドーソニア　69
ドーソン　75
トリメロフィトン類　89

ナ 行

2界説　2
肉質虫類　28
二次菌糸　148
二次細胞内共生　24, 42
二次肥大成長　101
『日本植物誌』　12

ヌクレオモルフ　42

ネコブカビ　34
粘菌類　32

ノストック　17

ハ 行

バイオエシックス　19
バイオテクノロジー　18
配偶体　67
胚珠　101, 114
ハイドロイド　69, 75
胚乳　116
胚嚢細胞　116
バクテリア　14
バクテリオファージ　18
薄嚢シダ類　94
薄嚢性　91
8界説　5, 47
ハッサイ　17
ハナヤスリ　91
ハナワラビ　92
ハプト藻類　43
パラグワナチア　77
パワー　78
盤菌類　147
半子嚢菌類　146

ヒエニア　85
被子植物　114, 119, 124, 129
病原菌　136
氷雪藻　53
表皮　90
平瀬作五郎　107

フィコビリン　39
不完全菌類　141
プシロフィトン　75
腐生　143
不整子嚢菌類　146
腐生生活　136
不定根　91
プラシノ藻類　49
プラトン　5
フリチエラ　49
分解者　4, 136
分子遺伝学　18
分子系統学　9
分類体系　9

ヘッケル　2
変異　25
変形菌類　32
ペントキシロン類　107
鞭毛虫類　29

ホイタカー 4, 136
訪花昆虫 126
胞子体 67
胞子虫類 29
胞子嚢穂 85, 103
ボルチア類 106

マ 行

マオウ 122
マオウ類 111
マクリ 39
マクロカルポン 104
マツタケ 151
MAD-box 遺伝子 116
マツバラン 76, 81

三木茂 112
水収支 58
ミズニラ 82
ミトコンドリア 22
ミドリムシ植物 52
南方熊楠 34

ムニンノボタン 132

無融合生殖 96

メタセコイア 112
メタン生成細菌 21

網状進化 26

ヤ 行

有性生殖 51
有用植物 130
ユーグレナ植物 52

葉状体 68
葉緑体 22, 36

ラ 行

裸子植物 105, 109, 124
ラビリンツラ菌類 34
ラブルベニア類 146
ラン 70, 76
卵菌類 33

陸上植物 54

陸上生活 124
陸上生物相 60
リグニエ 77, 84
リグニン 58
リトマスゴケ 155
リニア 60, 70
離弁花類 120
隆起説 79
リュウビンタイ 91
緑色植物 48
緑色藻類 48
緑藻類 48
リンゴ酸 124
リンネ 11
リンボク 80

類縁 8

レピドカルポン 79, 101
レピドデンドロン 78

ワ 行

ワイラント 76
ワラビ 97

著者略歴

岩槻邦男（いわつき・くにお）

1934 年　兵庫県に生まれる
1965 年　京都大学大学院理学研究科博士課程修了，理学博士
1963 年　京都大学理学部助手，助教授（71 年），教授（72 年）
1981 年　東京大学理学部附属植物園教授併任，同専任，園長（83 年）
1995 年　立教大学理学部教授
現　在　放送大学教授
　　　　兵庫県立人と自然の博物館館長
　　　　東京大学名誉教授
著　書　『文明が育てた植物たち』東京大学出版会，1997
　　　　『生命系──生物多様性の新しい考え』岩波書店，1999
　　　　『多様性からみた生物学』裳華房，2002
　　　　『日本の植物園』東京大学出版会，2004

図説生物学 30 講〔植物編〕1
植物と菌類 30 講　　　　　　　　　　定価はカバーに表示

2005 年 1 月 10 日　初版第 1 刷
2011 年 6 月 25 日　　　第 2 刷

著　者　岩　槻　邦　男
発行者　朝　倉　邦　造
発行所　株式会社　朝　倉　書　店
　　　　東京都新宿区新小川町 6-29
　　　　郵便番号　　162-8707
　　　　電　話　03(3260)0141
　　　　ＦＡＸ　03(3260)0180
　　　　http://www.asakura.co.jp

〈検印省略〉

ⓒ 2005〈無断複写・転載を禁ず〉　　　シナノ・渡辺製本
ISBN 978-4-254-17711-4　C 3345　　　Printed in Japan

好評の事典・辞典・ハンドブック

火山の事典（第2版）	下鶴大輔ほか 編	B5判 592頁
津波の事典	首藤伸夫ほか 編	A5判 368頁
気象ハンドブック（第3版）	新田　尚ほか 編	B5判 1032頁
恐竜イラスト百科事典	小畠郁生 監訳	A4判 260頁
古生物学事典（第2版）	日本古生物学会 編	B5判 584頁
地理情報技術ハンドブック	高阪宏行 著	A5判 512頁
地理情報科学事典	地理情報システム学会 編	A5判 548頁
微生物の事典	渡邉　信ほか 編	B5判 752頁
植物の百科事典	石井龍一ほか 編	B5判 560頁
生物の事典	石原勝敏ほか 編	B5判 560頁
環境緑化の事典	日本緑化工学会 編	B5判 496頁
環境化学の事典	指宿堯嗣ほか 編	A5判 468頁
野生動物保護の事典	野生生物保護学会 編	B5判 792頁
昆虫学大事典	三橋　淳 編	B5判 1220頁
植物栄養・肥料の事典	植物栄養・肥料の事典編集委員会 編	A5判 720頁
農芸化学の事典	鈴木昭憲ほか 編	B5判 904頁
木の大百科［解説編］・［写真編］	平井信二 著	B5判 1208頁
果実の事典	杉浦　明ほか 編	A5判 636頁
きのこハンドブック	衣川堅二郎ほか 編	A5判 472頁
森林の百科	鈴木和夫ほか 編	A5判 756頁
水産大百科事典	水産総合研究センター 編	B5判 808頁

価格・概要等は小社ホームページをご覧ください．